Mitteilungen

aus dem

Max-Planck-Institut für Aeronomie

Herausgegeben von J. Bartels und W. Dieminger

| Nr. 7 | (S) | 1962 |

Elektromagnetische Induktion
eines vertikalen magnetischen Dipols
über einem leitenden homogenen Halbraum

von

Joachim Meyer

Springer-Verlag
Berlin · Göttingen · Heidelberg

D 93

Diese Mitteilungen setzen eine von Erich Regener begründete Reihe fort, deren Hefte auf der vorletzten Seite genannt sind.

Das Max-Planck-Institut für Aeronomie vereinigt zwei Institute, das Institut für Stratosphärenphysik und das Institut für Ionosphärenphysik.

Ein (S) oder (I) beim Titel deutet an, aus welchem Institut die Arbeit stammt.

Anschrift der beiden Institute:

3411 Lindau

ELEKTROMAGNETISCHE INDUKTION
EINES VERTIKALEN MAGNETISCHEN DIPOLS
ÜBER EINEM LEITENDEN HOMOGENEN HALBRAUM

von

JOACHIM MEYER

ISBN 978-3-540-02878-9   ISBN 978-3-642-86552-7 (eBook)
DOI 10.1007/978-3-642-86552-7

Inhaltsverzeichnis

I. **Einleitung**

  § 1. Problemstellung 5

  § 2. Literaturbetrachtung 7

   a) Allgemeine Übersicht 7
   b) Der homogene Halbraum bei A. GRAF 9

  § 3. Allgemeine Vorbemerkungen 10

II. **Harmonisch oszillierender Dipol**

  § 4. Darstellung der Felder durch Wellenpotentiale 12

  § 5. Lösung für einen homogenen Vollraum 14

  § 6. Formale Lösung für einen homogenen Halbraum 15

   a) Primäre und sekundäre Erregung 15
   b) Lösung der Gesamterregung 17

  § 7. Vektorpotential für quasistationäre Felder 20

  § 8. Vertikale Komponente des Magnetfeldes 22

  § 9. Horizontale Komponente des Magnetfeldes 24

  § 10. Diskussion des Magnetfeldes 28

   a) Graphische Darstellung 28
   b) Verhalten des Feldes in speziellen Punkten 28
   c) Die Feldellipsen 32
   d) Das Streufeld 32

  § 11. Anwendung auf geoelektrische Prospektion 34

  § 12. Die Stromverteilung 38

   a) Induktionsfunktionen der Stromdichte 38
   b) Die primäre Stromverteilung 46
   c) Getrennte Darstellung der Phasen und Amplituden 47
   d) Vektorielle Darstellung in der Periodenuhr 52

III. **Einheitssprung des Dipolmomentes**

  § 13. Die Lösungen im Bildraum der LAPLACE-Transformation 55

  § 14. Vertikale Komponente des Magnetfeldes 58

  § 15. Horizontale Komponente des Magnetfeldes 60

  § 16. Diskussion des Magnetfeldes 62

   a) Graphische Darstellung 62
   b) Verhalten des Feldes in speziellen Punkten 62
   c) Feldvektoren und Vektogramme des Magnetfeldes 64

IV. Dipol mit beliebiger Zeitfunktion

    § 17. Exakte Lösungen 65

    § 18. Näherungsverfahren zur numerischen Berechnung der Lösung 67

V. Dipol mit baiförmiger Zeitfunktion

    § 19. Die Zeitfunktion 69

    § 20. Vertikale Komponente des Magnetfeldes 70

    § 21. Horizontale Komponente des Magnetfeldes 73

    § 22. Diskussion des Magnetfeldes 76

        a) Komponentendarstellung 76

        b) Feldvektoren und Vektogramme des Magnetfeldes 77

        c) Räumliche Verteilung des Feldes 78

    § 23. Zusammenhang zwischen Vektogrammen und Feldellipsen 80

VI. Dipol mit rampenförmiger Zeitfunktion

    § 24. Rampenfunktion 81

    § 25. Vertikale Komponente des Magnetfeldes 82

    § 26. Horizontale Komponente des Magnetfeldes 84

    § 27. Diskussion des Magnetfeldes 86

        a) Graphische Darstellung 86

        b) Verhalten des Feldes in speziellen Fällen 87

        c) Vektogramme des Magnetfeldes 88

    § 28. Anwendung für die Induktion bei beliebiger Zeitfunktion des Dipols ... 89

        a) Allgemeines Näherungsverfahren 89

        b) Anwendung auf einen Dipol mit baiförmiger Zeitfunktion 91

Anhang

    Anhang I.   Exkurs über BESSEL-Funktionen 95

        a) Zylinderfunktionen 95

        b) Modifizierte Zylinderfunktionen 95

        c) KELVIN-Funktionen 97

    Anhang II. Reihenentwicklungen der Exponential-, trigonometrischen und KELVIN-Funktionen 99

    Anhang III. Korrespondenzen der LAPLACE-Transformation 100

    Anhang IV. Asymptotische Darstellungen der Fehler- und der modifizierten BESSEL-Funktionen 102

    Anhang V. Der Zwei-Schichten-Fall bei SLICHTER und KNOPOFF 103

Zusammenfassung 109

Literaturverzeichnis 111

I. Einleitung

§ 1. Problemstellung

Zu den weitest verbreiteten Erscheinungen in der Physik gehört die elektromagnetische Induktion. Sie tritt immer dann auf, wenn elektromagnetische Felder oder Ströme zeitlich nicht stationär sind. Zu ihrem Nachweis benutzt man ihre Wirkungen in leitfähigen Körpern, etwa den in einer Spule durch das induzierte elektrische Feld hervorgerufenen elektrischen Strom. Durch Messungen des induzierten Stromes oder seines Magnetfeldes kann man bei Kenntnis des induzierten elektrischen Feldes Aussagen machen über die Leitfähigkeit des Körpers. Dabei überlagern sich jedoch die Wirkungen von induzierenden und induzierten Strömen oder Feldern, so daß es zunächst als zweckmäßig erscheint, beide Anteile getrennt zu erfassen. So folgt z.B. mit dem Induktionsgesetz für eine Spule im zeitlich veränderlichen homogenen Magnetfeld,

$$U = -\mu n F \frac{dH}{dt}, \qquad (1)$$

für das induzierte Magnetfeld

$$H' = -\mu \frac{n^2 F}{l R} \cdot \frac{dH}{dt}. \qquad (2)$$

H = induzierendes Magnetfeld
H' = induziertes Magnetfeld
U = induzierte Spannung
μ = magnetische Permeabilität
n = Windungszahl der Spule
F = induzierende Spulenfläche
l = Spulenlänge
R = Ohmscher Widerstand der Spule
t = Zeit

Bei sehr guten oder sehr ausgedehnten Leitern ist eine solche Trennung wenig sinnvoll, da das nach Gleichung (2) induzierte, ebenfalls zeitlich veränderliche Magnetfeld H' durch wiederholte Anwendung des Induktionsgesetzes (1) weitere Beiträge H'', H''' usw. bewirkt, bzw. sich das induzierende Feld H bereits aus mehreren Anteilen verschiedener Phase und merklichen Betrages zusammensetzt, die insgesamt sowohl zu Änderungen in der Phase, als auch in der Gestalt des Gesamtfeldes führen.

Insbesondere ist bei den großen Lineardimensionen der Geophysik bei der Behandlung induktiver Vorgänge die räumliche Ausdehnung der Leiter zu berücksichtigen. Eine Beschränkung auf einzelne Phasen oder Komponenten der induzierenden Felder unter alleiniger Anwendung des Induktionsgesetzes in der Form (2) ist infolgedessen nicht mehr zulässig. Man muß vielmehr die Induktionsvorgänge in ausgedehnten Leitern als eine Art Wellenausbreitung betrachten und die Lösung für das Gesamtfeld $\mathfrak{H}$ an jedem Ort und zu jeder Zeit nach Stärke, Richtung und Phase aus der Wellengleichung

$$\Delta \mathfrak{H} + k^2 \mathfrak{H} = 0 \qquad (3)$$

entnehmen, unter Berücksichtigung eines bestimmten Verhaltens des Feldes in seinen Quellen und im Unendlichen sowie der an der Oberfläche der Leiter geltenden Grenzbedingungen.

Auf zwei Gebieten der Geophysik ist die elektromagnetische Induktion von großer Bedeutung: bei den induktiven Prospektionsverfahren der angewandten Geophysik und bei den erdmagnetischen Variationen durch variable Ströme in der Ionosphäre. Sie unterscheiden sich jedoch lediglich in der Größenordnung ihrer Lineardimensionen (1 km - 10^2 bis 10^3 km) und der Periode der äußeren Felder (10^{-2} bis 10^{-3} sec - 1 Std.). Da in beiden Fällen die betrachteten Lineardimensionen sämtlich klein gegenüber dem Erdradius sind und das äußere Feld infolge des Skineffektes eine beschränkte "Eindringtiefe" hat, kann die Erde in guter Näherung als homogener Halbraum mit ebener Oberfläche angesehen werden. Die Induktion des größten und etwa meßbaren Teils des induzierten Feldes erfolgt im wesentlichen in den obersten Schichten der Erde [bis etwa 1 km (Prospektion) - 10^3 km (erdmagnetische Variationen)], so daß sehr tief liegende Inhomogenitäten der Leitfähigkeit - etwa im Erdkern - keinen Einfluß auf das Gesamtfeld mehr haben und für die Idealisierung der Erde durch einen homogenen Halbraum bezüglich Induktionsvorgänge durch äußere variable Felder keine Einschränkung der Allgemeinheit darstellen.

Bei den geoelektrischen Aufschlußverfahren mit induktiven Methoden wird das äußere variable Feld durch Wechselstrom führende Leiter künstlich erzeugt und das magnetische Gesamtfeld über dem Erdboden induktiv vermessen. Mißt man in großer Entfernung von einer horizontalen ebenen Stromschleife, so kann deren Magnetfeld in guter Näherung als das eines vertikalen magnetischen Dipols angesehen werden (Dipolinduktionsverfahren). Eine quantitative Auswertung der Messungen zwecks Aussagen über die Leitfähigkeit des Bodens und eingelagerter Anomalien ist aber erst möglich bei Kenntnis des theoretisch über ungestörtem Boden zu erwartenden Feldes. Aus der Abweichung des gemessenen Feldes vom theoretischen Feld über homogenem Halbraum kann auf die Leitfähigkeit des Bodens geschlossen werden. Dieses theoretische Magnetfeld eines vertikalen magnetischen Dipols über einem homogenen Halbraum wird im ersten Teil der vorliegenden Arbeit berechnet und zugleich ein Vorschlag gegeben für eine erste quantitative Auswertung der Meßergebnisse beim Dipolinduktionsverfahren.

Während für praktische Prospektionsaufgaben jedoch nur harmonische, periodische Zeitfunktionen des Magnetfeldes von Bedeutung sind, entsprechend der Sinus- oder Kosinusfunktion des benutzten Wechselstromes, so treten die erdmagnetischen Variationen vorwiegend als vorübergehende, kurzzeitige Störungen auf, verursacht durch das Magnetfeld variabler Ströme mit aperiodischer Zeitfunktion in der Ionosphäre. Ihr eigener Beitrag zum magnetischen Gesamtfeld wird als äußerer, der der induzierten Bodenströme als innerer Anteil der beobachteten Variation bezeichnet. Nachdem Beobachtungen von FLEISCHER [29] das Auftreten lokaler Unterschiede in den Variationen gezeigt haben und auf örtliche Leitfähigkeitsanomalien im Untergrund schließen lassen (BARTELS [21]), haben KERTZ und SIEBERT [35, 44, 45] ein mathematisches Verfahren angegeben zur Trennung von äußerem und innerem Anteil lokaler erdmagnetischer Variationen. Es ist von SCHMUCKER [43] angewandt worden auf eine zweijährige Reihe von Magnetogrammen zusätzlich eingerichteter Hilfsstationen zum Zwecke einer erdmagnetischen Tiefensondierung. Für quantitative Aussagen über die Leitfähigkeit des Erdbodens und der eingelagerten Anomalien ist aber auch hier die Kenntnis der theoretisch über ungestörtem Erdboden zu erwartenden Variation notwendig, also des Feldes über homogenem Halbraum.

Die Berechnung dieses theoretischen Feldes setzt wiederum eine genaue Kenntnis der räumlichen Verteilung des äußeren Feldes voraus. Sie wird für den idealisierten Fall des Feldes eines horizontalen ionosphärischen Ringstromes mit einem zu den betrachteten horizontalen Entfernungen relativ kleinen Radius, d.h. für das Feld eines vertikalen magnetischen Dipols, zunächst mit einem Einheitssprung als Zeitfunktion durchgeführt. Ein Näherungsverfahren für die Induktion bei beliebiger Zeitfunktion mit Hilfe der Lösungen für den Einheitssprung wird sodann angewandt auf den hinsichtlich erdmagnetischer Probleme besonders wichtigen speziellen Fall einer Baistörung, einer Zeitfunktion von buchtartigem Verlauf.

Um in bestimmten Fällen eine bessere Konvergenz des Näherungsverfahrens zu erzielen, wird ein verallgemeinertes Näherungsverfahren mit Hilfe der Lösungen für rampenförmige Zeitfunktionen verschiedener Neigung angegeben und auf die gleiche baiförmige Störung angewandt. Beide Verfahren ergänzen sich gegenseitig und ermöglichen zusammen eine bequeme Berechnung des theoretischen Feldes über homogenem Halbraum bei beliebiger Zeitfunktion des Dipols.

§ 2. Literaturbetrachtung

a) Allgemeine Übersicht

Bei der Behandlung elektromagnetischer Induktionsvorgänge im Bereich der Geophysik kann man eine Annäherung an die in der Natur recht verwickelten und unregelmäßigen Erscheinungen im wesentlichen von zwei Seiten her erreichen.

Einmal kann man, um Kenntnis über die Verteilung der elektrischen Leitfähigkeit im Untergrund zu gewinnen, die Wirkungen des gesamten Erdbodens gegenüber denen gut leitender Einlagerungen vernachlässigen und den aus Meßergebnissen ermittelten inneren Anteil des Feldes mit den theoretischen Werten aus Modellrechnungen vergleichen. Bei diesen Modellrechnungen betrachtet man geometrisch einfache leitfähige Körper, wie Kugel, Zylinder oder Ellipsoid, in speziellen induzierenden Magnetfeldern und berechnet das in ihnen induzierte Magnetfeld. Für Kugel (LIPPMANN [37], WARD [56]) und Zylinder (LIPPMANN [37], KERTZ [36]) im homogenen äußeren Feld ist das induzierte Feld nach Betrag, Phase und Gestalt ausführlich berechnet worden. KERTZ hat auch bereits die Verteilung der im Zylinder induzierten Ströme mit in die Betrachtung einbezogen. Für das induzierte Magnetfeld bei nicht homogenem äußeren Feld geben WARD und KERTZ ebenfalls Lösungen an in Form einer Überlagerung von induzierten Multipolfeldern. Da aber bei allen derartigen Modellrechnungen das äußere, induzierende Feld als unbeeinflußt durch die Umgebung des Körpers angesehen wird, erscheint nach den Ausführungen des § 1 ihre Anwendbarkeit in den räumlichen Dimensionen der Geophysik in Frage gestellt. Eine Verbesserung dieser Art der Annäherung geophysikalischer Induktionsprobleme müßte den Einfluß des gesamten schwach leitenden Erdbodens auf induzierendes und induziertes Feld mit berücksichtigen.

Dieser Forderung wird die zweite Betrachtungsweise der Induktionsvorgänge in der Erde besser gerecht. Bei ihr wird die Erde durch einen homogenen Halbraum dargestellt (vgl. § 1). Aussagen über die Leitfähigkeitsverteilung im Erdboden sind möglich durch direkten Vergleich der über der Erde gemessenen Feldgrößen mit den theoretischen Werten über homogenem Halbraum. Für die erdmagnetischen Anwendungen können aber auch diese Betrachtungen wegen des idealisierten äußeren Feldes lediglich Modellfall sein.

Die ersten Berechnungen zur Dipolinduktion über homogenem Halbraum sind von SOMMERFELD [47] bei der Behandlung von Antennenproblemen durchgeführt worden. Seine formalen mathematischen Lösungen bilden die Grundlage für fast alle weiteren Untersuchungen. Äußeres, induzierendes Feld ist dabei jeweils das Feld eines vertikalen oder horizontalen elektrischen oder magnetischen Dipols in der Grenzfläche des Halbraumes. Der behandelte Fall ist im Literaturverzeichnis bei den Einzelarbeiten jeweils näher angegeben. Der Fall eines Dipols in der Höhe h über der Grenzfläche kann auf den Fall des Dipols bei h = 0 über einem Zwei-Schichten-Halbraum zurückgeführt werden, dessen formale Lösung WAIT [49] durch Erweiterung der Rechnungen von SOMMERFELD gegeben hat. Das Interesse gilt dabei aber weniger dem Magnetfeld als vielmehr dem Kopplungswiderstand (mutual impedance) zweier Stromschleifen auf der Grenzfläche zur Bestimmung des für praktische Zwecke wichtigen Scheinwiderstandes (apparent resistivity) des Bodens.

Für den Fall des vertikalen magnetischen Dipols über homogenem Halbraum ist die Lösung der vertikalen Komponente H_z des Magnetfeldes in komplexer Form sowie eine graphische Darstellung von Betrag und Phase bereits von BUCHHEIM [27] angegeben worden. Eine getrennte Darstellung der Sinus- und Kosinusphasen von H_z gibt TEISSEYRE [48] an.

Auf andere Weise, und zwar mit Hilfe des skalaren magnetischen Potentials, wird das Magnetfeld von GORDON [31] berechnet, der auch bezüglich der komplexen Form für die horizontale Komponente auf das gleiche Ergebnis kommt wie die vorliegende Arbeit, jedoch keine weitere Auswertung vornimmt.

Eine ebenfalls andersartige, indirekte Berechnung der Induktion des vertikalen magnetischen Dipols über homogenem Halbraum nimmt GRAF [32, 33] vor. Sie liefert jedoch nur für sehr kleine Abstände vom Dipol richtige Ergebnisse, wie im Abschnitt b) näher erläutert wird.

Die Stromverteilung im Halbraum wird in den bisherigen Arbeiten zur Dipolinduktion nicht behandelt. Desgleichen vermitteln sie sämtlich noch kein vollständiges Bild von dem magnetischen Gesamtfeld an der Oberfläche. Ein solches ist bisher nur für eine unendlich lange, gerade Wechselstromleitung über homogenem Halbraum gegeben worden (BUCHHEIM [28]) und soll für einen vertikalen magnetischen Dipol durch die vorliegende Arbeit vermittelt werden, sowohl für einen harmonisch oszillierenden als auch für einen Dipol mit beliebiger Zeitfunktion.

Die exakte Berechnung der Dipolinduktion über einem geschichteten Halbraum führt auf erhebliche mathematische Schwierigkeiten. Über Näherungslösungen für den Zwei-Schichten-Fall bei einer dipolähnlichen Quellverteilung (KNOPOFF und SLICHTER [46]) wird im Anhang V berichtet.

Die Induktion bei vorübergehender, kurzzeitiger Änderung des induzierenden Magnetfeldes ("transients") ist bislang nur für einige Spezialfälle vollständig berechnet worden: von WAIT für den Modellfall einer leitenden Kugel im homogenen Magnetfeld [51], für elektrischen und magnetischen Dipol im Vollraum [50] sowie für den Kopplungswiderstand beim vertikalen magnetischen Dipol über homogenem Halbraum [49], jeweils für einen Einheitssprung als Zeitfunktion des induzierenden Feldes. Von BHATTACHARYYA [25] ist der Kopplungswiderstand beim vertikalen magnetischen Dipol über homogenem Halbraum zur genaueren Annäherung der natürlichen Vorgänge außerdem noch für eine rampenförmige Zeitfunktion mit linearem Anstieg berechnet worden.

Die Untersuchungen zur Induktion bei beliebiger Zeitfunktion des Dipols gehen zurück auf eine von PRICE [39] angegebene Integraldarstellung mit Hilfe der Lösungen für den Einheitssprung[x]. Mit einem allgemeinen Näherungsverfahren wird nunmehr eine erste numerische Auswertung gegeben zur graphischen Darstellung der Induktion einer speziellen, baiförmigen Störung (Kap. V - VI).

---

[x] vgl. [5] S. 748

Von der magnetischen Induktion, d.h. Änderungen der Permeabilität, wird in allen angeführten Arbeiten abgesehen. Ansätze für ihre Berücksichtigung hat SAWICKI [42] gegeben. In den folgenden Ausführungen wird eine etwaige Änderung der Permeabilität an der Oberfläche des Halbraumes bis zu den Spezialisierungen des § 7 voll berücksichtigt.

Desgleichen werden in fast allen Fällen die Verschiebungsströme vernachlässigt. Sie sind zuerst von WAIT [52] für den magnetischen Dipol im homogenen Vollraum mit einem Einheitssprung als Zeitfunktion in die Betrachtungen einbezogen worden. Für die Frequenzen und Lineardimensionen bei geophysikalischen Problemen aber können magnetische Induktion und Verschiebungsströme auch weiterhin vernachlässigt werden.

b) Der homogene Halbraum bei A. GRAF

In zwei Arbeiten zur Theorie der Ringsendemethode stellt GRAF [32, 33] den Halbraum dar als Summe unendlich vieler einander paralleler dünner Platten gleicher Leitfähigkeit. Berechnet wird zunächst das Feld der kreisförmigen Sendeschleife, sowohl für den Innen- als auch für den Außenraum, und sodann der in einer dünnen, zur Schleifenebene parallelen Platte mit der Leitfähigkeit σ_1 induzierte Anteil des Gesamtfeldes nach zwei verschiedenen Näherungsverfahren. Vorausgesetzt ist dabei, daß es sich um einen flachliegenden Leiter geringer Tiefe handelt, daß ferner nur _ein_ Leiter vorhanden ist und daß Bedeckung und Substrat einen wesentlich höheren Ohmschen Widerstand besitzen als die leitende Schicht. Aus dem Ergebnis folgt, daß für kleine Werte von $\nu \sigma_1 d$ (ν = Senderfrequenz, d = Schichtdicke) die $180°$-Phase des induzierten Feldes vernachlässigbar klein ist gegenüber der $90°$-Phase. Da für die Anwendung induktiver Verfahren für Prospektionsaufgaben nur Werte der Leitfähigkeit des Halbraumes in Frage kommen, die klein gegenüber der Leitfähigkeit einer zu untersuchenden Einlagerung sind, folgt nach GRAF, daß auch bei dem induzierten Feld des gesamten Halbraumes, das als Summe der induzierten Felder unendlich vieler dünner Platten der Leitfähigkeit σ_1 dargestellt wird (Integration von $z = -\infty$ bis $z = 0$), die $180°$-Phase vernachlässigt werden kann. Diese Summation bzw. Integration ist aber in keiner Weise zulässig, da dann für jede dünne Zwischenschicht die genannten drei Voraussetzungen sämtlich nicht mehr erfüllt sind.

Physikalisch bedeutet die Vernachlässigung der $180°$-Phase des induzierten Feldes die Vernachlässigung der Selbstinduktion des Mediums, in dem die Induktion stattfindet. Für eine einzelne dünne horizontale Platte besteht die gesamte Selbstinduktivität lediglich aus den Selbst- und Gegeninduktivitäten der einzelnen kreisförmigen Stromringe innerhalb der Platte. Das Magnetfeld der von ihnen erzeugten induktiven, blinden Wirbelströme stellt die $180°$-Phase des Gesamtfeldes dar und ist, wie GRAF gezeigt hat, für kleine Werte $\nu \sigma_1 d$ gegenüber dem Feld der reellen Wirbelströme, der $90°$-Phase des Gesamtfeldes, zu vernachlässigen.

Bei einem leitenden Halbraum dagegen wird jeder Stromring nicht nur von dem variablen Feld der konzentrischen Stromringe innerhalb einer infinitesimalen horizontalen Schicht sondern auch von dem Feld aller anderen horizontalen Stromringe beeinflußt. Die wahre Selbstinduktivität des Halbraumes ist also wesentlich größer als die Summe der Selbstinduktivitäten der einzelnen Teilschichten in nichtleitender Umgebung. Deshalb kann beim leitenden Halbraum die $180°$-Phase des induzierten sowie des Gesamtfeldes nicht mehr vernachlässigt werden. Sie wird mit wachsendem Abstand ρ vom Dipol weiter anwachsen und schließlich gar gegenüber der $90°$-Phase überwiegen. Lediglich in Sendernähe ($\sqrt{\sigma \mu \omega} \rho < 1$) kann auch weiterhin die Selbstinduktion des Halbraumes und damit die $180°$-Phase des Gesamtfeldes vernachlässigt werden, so daß dort die Berechnungen von GRAF gültig bleiben (vgl. Abb. 9). Allerdings wird man sich dann bei einer ringförmigen Sendeschleife oft schon nicht mehr im Bereich eines reinen Dipolfeldes befinden.

Um eine Unterschätzung der Selbstinduktion des leitenden Halbraumes zu vermeiden, beachte man, daß bei linearer Vergrößerung der räumlichen Dimensionen eines Leiters das Verhältnis von induktivem zu Ohmschem Widerstand wächst und der induzierende Halbraum als unendlich ausgedehnte, kurzgeschlossene Sekundärseite eines "Trafos" mit beachtlichem induktiven Widerstand angesehen werden kann.

Mit der Vernachlässigung des induktiven Widerstandes des leitenden Halbraumes bei GRAF ergibt sich für den Betrag der Feldstärke des induzierten Magnetfeldes eine Abnahme mit dem Abstand ρ vom Dipol wie $1/\rho$. Da aber im Vollraum mit der Leitfähigkeit σ_1 das Feld mit ρ wie $e^{-a\rho}/\rho^3$ (a ist ein Dämpfungsfaktor) abnimmt, im Vollraum bei verschwindender Leitfähigkeit $\sigma_0 = 0$ dagegen wie $1/\rho^3$, folgt ebenfalls für das induzierte Magnetfeld des leitenden Halbraumes eine Abnahme mit ρ von mindestens der dritten Ordnung. Dieser Vergleich zeigt sehr deutlich den Einfluß, den der induktive Widerstand des Halbraumes auf das induzierte sowie auf das Gesamtfeld hat.

Letztlich bleiben auch der Einfluß der Oberfläche des Halbraumes sowie die Grenzbedingungen des Gesamtfeldes in der Berechnung der Induktion des Halbraumes nach GRAF unberücksichtigt.

Die genannten Vernachlässigungen und Verletzungen der Voraussetzungen lassen eine verbesserte, direkte Berechnung der Induktion in einem leitenden, homogenen Halbraum notwendig erscheinen. Sie wird im ersten Teil der vorliegenden Arbeit (Kap. II), anknüpfend an die theoretischen Arbeiten von Sommerfeld [47], gegeben.

§ 3. Allgemeine Vorbemerkungen

Der speziellen Theorie seien einige Bemerkungen, insbesondere bezüglich Voraussetzungen, sowie die durchweg benutzten Bezeichnungen vorangestellt.

In den folgenden Ausführungen ist zunächst im allgemeinen Isotropie in allen Punkten des Raumes, mit Ausnahme der Oberfläche des Halbraumes, sowie Homogenität zu beiden Seiten der Grenzfläche vorausgesetzt. Da aber das induzierte elektrische Feld eines vertikalen magnetischen Dipols überall in Horizontalebenen verläuft [$E_z \equiv 0$], gelten die Betrachtungen ebenfalls für einen anisotropen Halbraum, bei dem zwei Hauptleitfähigkeitsachsen gleich groß und parallel zur Oberfläche gerichtet sind, die dritte aber senkrecht zur Oberfläche ist. Dann hängen die induzierten Ströme und damit das induzierte Magnetfeld nur von der Horizontalleitfähigkeit ab, die dann unter allen Werten für die Leitfähigkeit im Laufe der Rechnung zu verstehen ist. Hieraus ist schon ersichtlich, daß die benutzten mathematischen Methoden physikalisch nicht etwa auf einen homogenen Halbraum beschränkt sind, sondern durch Hinzunahme weiterer Grenzflächen auch auf den Fall einer geschichteten Erde angewandt werden können.

Eine Spezialisierung auf quasistationäre Wellenausbreitung und damit auf das "Nahfeld" des Dipols erfolgt zu Beginn der mathematischen Auswertung der Lösung zwecks graphischer Darstellung. Zugleich wird die magnetische Permeabilität im gesamten Raum durchweg als konstant angenommen, d.h. es wird abgesehen von der magnetischen Induktion. Etwaige Änderungen der magnetischen Permeabilität würden sich durch Feldwaagemessungen bemerkbar machen und stehen in keinem eindeutigen Zusammenhang mit der elektrischen Leitfähigkeit.

Die Numerierung der Gleichungen geschieht fortlaufend innerhalb eines Paragraphen. Hinweise ohne nähere Angabe beziehen sich jeweils auf den gleichen Paragraphen.

Benutzt wird in allen Gleichungen, die durchweg als Größengleichungen geschrieben sind, das GIORGIsche oder praktische Maßsystem der vier Grundgrößen Länge (m), Masse (kg), Zeit (sec) und Ladung (Coul). Vektorielle Größen werden im allgemeinen mit deutschen Buchstaben, ihre Beträge mit den entsprechenden lateinischen Druckbuchstaben bezeichnet. Eine Zusammenstellung der benutzten Bezeichnungen erfolgt in der nachstehenden Tabelle.

Tab. 1: Bezeichnungen und Einheiten

Bezeichnung	Einheit	Größe
$\mathfrak{E}$	$\dfrac{\text{Volt}}{\text{m}}$	elektrische Feldstärke
$\mathfrak{H}$	$\dfrac{\text{Amp}}{\text{m}}$	magnetische Feldstärke
$\mathfrak{D}$	$\dfrac{\text{Amp sec}}{\text{m}^2}$	elektrische Verschiebungsdichte
$\mathfrak{B}$	$\dfrac{\text{Volt sec}}{\text{m}^2}$	magnetische Kraftflußdichte
$\mathfrak{a}$	Amp	magnetisches Vektorpotential
$\mathfrak{f}$	Volt	elektrisches Vektorpotential
U	Amp	magnetisches Skalarpotential
V	Volt	elektrisches Skalarpotential
Π	Amp sec	magnetischer HERTZscher Vektor
Π^*	Amp m	elektrischer HERTZscher Vektor
$\mathfrak{p}_e$, p_e	Amp sec m	elektrisches Dipolmoment
$\mathfrak{p}_m$, p_m	Volt sec m	magnetisches Dipolmoment
ε	$\dfrac{\text{Amp sec}}{\text{Volt m}}$	Dielektrizitätskonstante
μ	$\dfrac{\text{Volt sec}}{\text{Amp m}}$	magnetische Permeabilität
σ	$\Omega^{-1}\,\text{m}^{-1}$	spezifische elektrische Leitfähigkeit
ω	sec^{-1}	Kreisfrequenz
k, γ	m^{-1}	komplexe Ausbreitungskonstanten
j_e	$\dfrac{\text{Amp}}{\text{m}^2}$	elektrische Stromdichte
j_m	$\dfrac{\text{Volt}}{\text{m}^2}$	(fiktive) magnetische Stromdichte
i		imaginäre Einheit
e		EULERsche Zahl
Z_p	$\dfrac{\text{Amp}}{\text{m}}$	magnetische Feldstärke bei $z = 0$ für stationären Fall
t	sec	Zeit
τ		numerische Zeit

Bezeichnung	Einheit	Größe
r	m	Abstand vom Dipol
R		numerische Entfernung
T	sec	Zeitdauer einer endlichen Störung
K		Konstantenparameter
x, y, z		kartesische Koordinaten
ρ, φ, z		Zylinderkoordinaten
$J_p(z)$		BESSEL-Funktion p-ter Ordnung
$H_p^{(1)}(z), H_p^{(2)}(z)$		HANKEL-Funktion p-ter Ordnung
$I_p(z)$		modifizierte BESSEL-Funktion
$K_p(z)$		modifizierte HANKEL-Funktion
$ber_p(z), bei_p(z)$ $her_p(z), hei_p(z)$ $ker_p(z), kei_p(z)$		KELVIN-Funktion
E(t)		HEAVISIDEsche Einheitsfunktion
R(t)		Rampenfunktion
erf(x)		GAUSSsche Fehlerfunktion
$C_{z,\rho}$		Induktionsfunktionen
C_j		Amplitudeninduktionswert der Stromdichte
ε_j		Phase der Induktionsströme
∘—• •—∘		Korrespondenzzeichen der LAPLACE-Transformation
*		Zeichen der Faltung

II. Harmonisch oszillierender Dipol

§ 4. Darstellung der Felder durch Wellenpotentiale

Wie in der Elektrodynamik der linearen Leiter, so sind auch für räumlich ausgedehnte Leiter die MAXWELLschen Gleichungen der Ausgangspunkt für jede Induktionsaufgabe. Sie nehmen für harmonische Felder bei zeitlich konstanten Größen μ, ε, σ die Form an

$$\text{rot } \mathcal{E} = -\dot{\mathcal{B}} = -i\omega\mu\mathcal{H} \quad , \tag{1}$$

$$\text{rot } \mathcal{H} = -\dot{\mathcal{D}} + j_e = (i\omega\varepsilon + \sigma)\mathcal{E} \quad . \tag{2}$$

Der komplexe Zeitfaktor $e^{i\omega t}$, der in allen Gleichungen für die Felder und deren Potentiale auftritt, ist hier und im folgenden jeweils fortgelassen worden. Divergenzbildung auf beiden Seiten der Gleichungen (1), (2) ergibt bei ebenfalls räumlich konstanten μ, ε, σ

$$\text{div } \mathcal{H} = 0 \quad (3) \quad \text{und} \quad \text{div } \mathcal{E} = 0 \quad . \tag{4}$$

Die MAXWELLschen Gleichungen (1), (2) gelten in der speziellen Form nur außerhalb der Quellen. Bei elektrischen Quellen, d.h. bei gegebener Stromverteilung j_e, ist auf der rechten Seite der Gleichung (2) der Vektor j_e der elektrischen Stromdichte additiv hinzuzufügen, bei magnetischen Quellen in Gleichung (1) in analoger Weise der Vektor $-j_m$ einer fiktiven magnetischen Stromdichte. An Stelle von (3), (4) treten dann die Gleichungen

$$\text{div } \mathfrak{H} = \frac{-\text{div } j_m}{i\omega\mu} \quad (5) \quad , \quad \text{div } \mathfrak{E} = \frac{-\text{div } j_e}{i\omega\varepsilon + \sigma} \quad . \quad (6)$$

Allgemeine Folgerungen aus (3) können also nur für rein elektrische Quellen ($j_m = 0$) strenge Gültigkeit besitzen, solche aus (4) nur für rein magnetische Quellen ($j_e = 0$), insbesondere also für einen magnetischen Dipol.

Aus (3) und (4) folgt, daß sich $\mathfrak{H}$ und $\mathfrak{E}$ darstellen lassen als Rotationen von Vektorfunktionen oder "Vektorpotentialen" $\mathfrak{a}$ und $\mathfrak{f}$:

$$\mathfrak{H} = \text{rot } \mathfrak{a} \quad (7) \quad , \quad \mathfrak{E} = - \text{rot } \mathfrak{f} \quad . \quad (8)$$

Diese Ausdrücke in (1) und (2) eingesetzt, ergibt

$$\text{rot }(\mathfrak{E} + i\omega\mu\,\mathfrak{a}) = 0 \quad , \quad (9)$$
$$\text{rot }(\mathfrak{H} + (i\omega\varepsilon + \sigma)\mathfrak{f}) = 0 \quad . \quad (10)$$

Daraus folgt aber notwendig, daß die hinter den Operatoren "rot" stehenden Vektoren Gradienten skalarer Funktionen sind, oder

$$\mathfrak{E} = -i\omega\mu\,\mathfrak{a} - \text{grad } V \quad , \quad (11)$$
$$\mathfrak{H} = -(i\omega\varepsilon + \sigma)\mathfrak{f} - \text{grad } U \quad . \quad (12)$$

Durch die Gleichungen (7) und (8) sind $\mathfrak{a}$ und $\mathfrak{f}$ nur bis auf den Gradienten einer beliebigen skalaren Funktion bestimmt, mithin also noch unendlich vieldeutig. Die Eindeutigkeit läßt sich erreichen durch je eine beliebige Zusatzbedingung für beide Vektoren. Zweckmäßigerweise setzt man

$$V = \frac{-\text{div } \mathfrak{a}}{\sigma + i\omega\varepsilon} \quad (13) \quad , \quad U = \frac{-\text{div } \mathfrak{f}}{i\omega\mu} \quad . \quad (14)$$

Dann nämlich erfüllen U, V, $\mathfrak{a}$ und $\mathfrak{f}$ - genauer, jede rechtwinklige Komponente von $\mathfrak{a}$ und $\mathfrak{f}$ - die Wellengleichung für harmonische Wellen:

$$\Delta X + k^2 X = 0 \quad (X = \mathfrak{a}, \mathfrak{f}, V, U) \quad (15)$$
$$\text{mit} \quad k^2 = -i\sigma\mu\omega + \omega^2\mu\varepsilon \quad (16)$$

Mit den Spezialisierungen (13), (14) heißen $\mathfrak{a}, \mathfrak{f}$, V, U Wellenpotentiale: $\mathfrak{a}$ und $\mathfrak{f}$ magnetisches und elektrisches Vektorpotential, V und U elektrisches und magnetisches Skalarpotential.

Von der Einführung sogenannter HERTZscher Vektoren Π und Π^* kann im Falle direkter Behandlung des harmonischen Dipols abgesehen werden, da die unbequemen Ableitungen nach der Zeit einfach durch einen konstanten imaginären Faktor $i\omega$ ausgedrückt werden:

$$\left(\frac{\sigma}{\varepsilon}\Pi + \frac{\partial \Pi}{\partial t}\right) = \left(\frac{\sigma}{\varepsilon} + i\omega\right)\Pi = \mathfrak{a} \quad (17); \quad \mu\frac{\partial \Pi^*}{\partial t} = \mu i\omega \Pi^* = \mathfrak{f} \quad . \quad (18)$$

Elektrische und magnetische Feldstärke $\mathfrak{E}$ und $\mathfrak{H}$ eines magnetischen Dipols in einem beliebigen Medium mit räumlich und zeitlich konstanten Größen ε, μ, σ können jetzt nach

§ 5   - 14 -

(8), (12) und (14) an jedem Ort dargestellt werden durch ein elektrisches Vektorpotential $\mathfrak{f}$ in der Form

$$\mathfrak{E} = -\operatorname{rot} \mathfrak{f} \qquad , \qquad (19)$$

$$\mathfrak{H} = -(\sigma + i\omega\varepsilon)\mathfrak{f} + \frac{1}{i\omega\mu}\operatorname{grad}\operatorname{div}\mathfrak{f}, \qquad (20)$$

wobei $\mathfrak{f}$ außerhalb der Quellen die Wellengleichung

$$\Delta\mathfrak{f} + k^2\mathfrak{f} = 0 \qquad (21)$$

erfüllen muß.

§ 5. Lösung für einen homogenen Vollraum

Die Vektorpotentiale $\mathfrak{a}$ und $\mathfrak{f}$ sollen durch die gegebenen elektrischen oder magnetischen Quellen j_e oder j_m ausgedrückt werden.

Da die Gleichungen (4.1) und (4.2) bei gegebener elektrischer bzw. magnetischer Stromverteilung auf der rechten Seite durch j_e bzw. $-j_m$ zu ergänzen sind, werden die Wellengleichungen am Ort der Quelle inhomogen:

$$\Delta\mathfrak{a} + k^2\mathfrak{a} = -j_e \qquad (1), \qquad \Delta\mathfrak{f} + k^2\mathfrak{f} = -j_m \qquad . \qquad (2)$$

Sie haben die Lösungen

$$\mathfrak{a} = \frac{1}{4\pi}\iiint \frac{[j_e]}{r}\,d\tau \quad (3), \qquad \mathfrak{f} = \frac{1}{4\pi}\iiint \frac{[j_m]}{r}\,d\tau \quad . \quad (4)$$

Dabei ist $d\tau$ das Volumelement, integriert wird über den gesamten Raum; r ist der Abstand des Aufpunktes vom Integrationspunkt. Die Paranthesen sollen ausdrücken, daß die Werte j_e und j_m nicht zur Beobachtungszeit t, sondern zu der früheren Zeit $t' = t - \frac{r}{v}$ zu nehmen sind, wobei v die Geschwindigkeit der elektromagnetischen Welle ist und $\frac{r}{v}$ die Zeit, die sie braucht, um den Weg vom Integrations- zum Aufpunkt zurückzulegen. Man nennt die Ausdrücke (3) und (4) deshalb "retardierte Potentiale". Werden die Quellen des Feldes dargestellt durch einen elektrischen oder magnetischen harmonisch oszillierenden Dipol, so lassen sich die Integrationen in den Gleichungen (3) und (4) leicht ausführen. Man erhält

$$\mathfrak{a} = \frac{1}{4\pi}\,\frac{1}{r}\,\frac{\partial}{\partial t}\,\mathfrak{p}_e\!\left(t-\frac{r}{v}\right) = \frac{i\omega}{4\pi r}\,\mathfrak{p}_e\!\left(t-\frac{r}{v}\right) = \frac{i\omega}{4\pi r}\,p_e\,e^{-ikr}, \qquad (5)$$

$$\mathfrak{f} = \frac{1}{4\pi}\,\frac{1}{r}\,\frac{\partial}{\partial t}\,\mathfrak{p}_m\!\left(t-\frac{r}{v}\right) = \frac{i\omega}{4\pi r}\,\mathfrak{p}_m\!\left(t-\frac{r}{v}\right) = \frac{i\omega}{4\pi r}\,p_m\,e^{-ikr}, \qquad (6)$$

wobei $\mathfrak{p}_e$ und $\mathfrak{p}_m$ jeweils das zeitlich veränderliche Moment des Dipols ist, p_e und p_m dessen maximaler Betrag. Für den Fall überall verschwindender elektrischer Leitfähigkeit ist $k = \frac{\omega}{v}$. Bei nicht verschwindender Leitfähigkeit tritt in den Ausdrücken (5) und (6) für $\mathfrak{a}$ und $\mathfrak{f}$ eine Dämpfung sowie eine zusätzliche Phasenverschiebung auf, wenn für k wieder der allgemeinere Ausdruck (4.16) gesetzt wird.

Aus den Gleichungen (5) und (6) ist ersichtlich, daß die Vektorpotentiale $\mathfrak{a}$ und $\mathfrak{f}$ stets die gleiche Richtung haben wie der entsprechende Dipol, insbesondere also nur eine z-Komponente, wenn der Dipol fest in der z-Richtung schwingt. Man kann diesen Tatbestand auch direkt aus den Definitionsgleichungen (4.7) und (4.8) für $\mathfrak{a}$ und $\mathfrak{f}$ einsehen mit der Vorstellung ringförmiger magnetischer Feldlinien beim elektrischen Dipol und ringförmiger elektrischer Feldlinien beim magnetischen Dipol. Ferner hängen nach (5) und (6) die Vektorpotentiale $\mathfrak{a}$ und $\mathfrak{f}$ für einen fest in der z - Achse schwingenden elektrischen oder magnetischen Dipol nur vom Abstand r ab, so daß sie in der Form geschrieben werden können

$$\mathfrak{a} = \mathfrak{a}_z(r) \quad (7), \qquad \mathfrak{f} = \mathfrak{f}_z(r) \; . \qquad (8)$$

Führt man räumliche Polarkoordinaten r, φ, ϑ ein, so muß nach (4.12), unter Berücksichtigung von (8), $\mathfrak{f}$ der Gleichung

$$\frac{\partial^2}{\partial r^2}(r\mathfrak{f}) + k^2(r\mathfrak{f}) = 0 \qquad (9)$$

genügen. Das allgemeine Integral dieser Gleichung ist

$$r\mathfrak{f} = C_1 e^{-ikr} + C_2 e^{+ikr} \; . \qquad (10)$$

Von den beiden Gliedern ist das zweite aus physikalischen Gründen zu streichen, da es eine Welle darstellt, die, aus dem Unendlichen kommend, bei $r = 0$ statt einer Quelle eine Senke hat. Der Amplitudenfaktor wird gemäß (6) zu $C_1 = \frac{i\omega}{4\pi} p_m$ angesetzt. Damit erhält man aber für das Vektorpotential eines magnetischen Dipols im homogenen Vollraum wieder die Gleichung

$$\mathfrak{f} = \frac{i\omega}{4\pi r} p_m \, e^{-ikr} \; . \qquad (11)$$

Die Feldstärken $\mathfrak{E}$ und $\mathfrak{H}$ können damit nach den Gleichungen (4.19) und (4.20) in ihren Komponenten berechnet werden.

§ 6. Formale Lösung für einen homogenen Halbraum

a) Primäre und sekundäre Erregung

War der Dipol bisher in einem unendlich ausgedehnten Medium mit räumlich und zeitlich konstanten Größen ε, μ, σ angenommen, so liegt er jetzt in der Oberfläche eines homogenen Halbraumes, im Ursprung eines Zylinderkoordinatensystems ρ, φ, z, und zwar wieder fest in z - Richtung (Abb. 1).

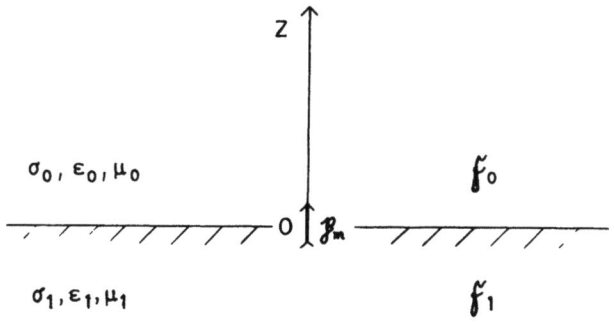

Abb. 1

Der Halbraum $z > 0$ habe die Konstanten σ_o, ε_o, μ_o, der Halbraum $z < 0$ die Konstanten σ_1, ε_1, μ_1. Die Felder $\mathfrak{E}$ und $\mathfrak{H}$ werden wieder dargestellt durch ein elektrisches Vektorpotential $\mathfrak{F}$, und zwar durch $\mathfrak{F}_o$ für $z > 0$ und durch $\mathfrak{F}_1$ für $z < 0$.

Beide Potentiale setzen sich jetzt additiv zusammen aus je einem Ausdruck für die primäre und die sekundäre Erregung:

$$\mathfrak{F}_\nu = \mathfrak{F}_\nu^p + \mathfrak{F}_\nu^s \quad ; \quad \nu = 0, 1 \quad . \tag{1}$$

Als primäre Erregung $\mathfrak{F}_\nu^p$ wird dabei definiert die ungestörte, durch die Energiequelle im Ursprung erzwungene Erregung im homogenen Vollraum mit den Konstanten ε_ν, σ_ν, μ_ν ($\nu = 0, 1$), als sekundäre Erregung $\mathfrak{F}_\nu^s$ der restliche Teil des Feldes, der aus den Bedingungen der Ausbreitung hervorgeht und der Verschiedenheit der Materialkonstanten in beiden Medien Rechnung trägt.

Die gesamte Erregung hat wieder nur eine z - Komponente,

$$\mathfrak{F} = \mathfrak{F}_{\nu_z}(\rho, z) \quad , \quad \nu = 0, 1 \quad , \tag{2}$$

und wird in beiden Fällen aus der Wellengleichung bestimmt

$$\Delta \mathfrak{F}_\nu + k_\nu^2 \mathfrak{F}_\nu = 0 \quad , \quad \nu = 0, 1 \quad , \tag{3}$$

mit

$$k_\nu^2 = -i\omega\mu_\nu\sigma_\nu + \omega^2\mu_\nu\varepsilon_\nu \quad . \tag{4}$$

Gleichung (3), in Zylinderkoordinaten geschrieben, unter Berücksichtigung von (2), lautet

$$\frac{1}{\rho}\frac{\partial}{\partial\rho}\left(\rho\frac{\partial\mathfrak{F}_\nu}{\partial\rho}\right) + \frac{\partial^2\mathfrak{F}_\nu}{\partial z^2} + k_\nu^2\mathfrak{F}_\nu = 0 \quad . \tag{5}$$

Gesucht werden Lösungen $\mathfrak{F}_\nu$, die im Punkt 0 in bestimmter Weise unendlich werden und im Unendlichen samt ihren ersten Ableitungen verschwinden. Die Art des Unendlichwerdens wird allein durch den Dipol im Ursprung bestimmt, unter Berücksichtigung der an der Grenzfläche geltenden Bedingungen für elektrisches und magnetisches Feld. Mit der obigen Definition von primärer und sekundärer Erregung dürfen keine weiteren Forderungen gestellt werden.

Andererseits kann man aber als primäre Erregung auch denjenigen Teil der Gesamterregung bezeichnen, der ein bestimmtes Verhalten bei Annäherung an 0 erfüllt, etwa im Mittel von beiden Halbräumen wie $1/r$ unendlich wird. Dann darf man vorher keine besondere Definition angeben. Die von SOMMERFELD [47, 19] benutzten Bezeichnungen für die primäre Erregung beziehen sich dabei nicht immer auf den gleichen Teil der Gesamterregung. Es ist müßig, einer dieser speziellen Bezeichnungen den größeren physikalischen Inhalt beimessen zu wollen. Abgesehen von der Forderung, daß die primäre Erregung das Unendlichwerden der Gesamterregung in 0 bewirken soll, ist dessen additive Zerlegung ziemlich willkürlich. Da die Grenzbedingungen sich jeweils auf die Gesamterregung beziehen, erhält man in jedem Falle die gleichen Lösungen für $\mathfrak{F}_\nu$ (vgl. Fußnote S. 19 und § 10 d).

Im Sinne der vorangestellten Definition hat die primäre Erregung im oberen und unteren Halbraum nach (5.11) die Gestalt

$$\mathfrak{f}_\nu^p = \frac{i\omega}{4\pi r} p_m e^{-ik_\nu r} \quad ; \quad \nu = 0, 1 . \tag{6}$$

Die sekundäre Erregung $\mathfrak{f}_\nu^s$ wird angesetzt als Summe von Partikulärlösungen der Differentialgleichung (5) in der Form $^{x)}$

$$A f_\nu(\lambda) J_0(\lambda\rho) e^{\mp \sqrt{\lambda^2 - k^2} z} \quad ; \quad \nu = 0, 1 . \tag{7}$$

Darin ist $J_0(\lambda\rho)$ die BESSELsche Funktion erster Art der Ordnung Null mit dem Argument $\lambda\rho$, wobei λ ein willkürlicher positiver Parameter ist; $f_0(\lambda)$ und $f_1(\lambda)$ sind zwei willkürliche, durch die Randbedingungen zu bestimmende Funktionen; A ist ein Amplitudenfaktor, der das Moment des Dipols berücksichtigt und der wieder speziell zu $i\omega/4\pi \, p_m$ angesetzt wird. Durch den gleichen Faktor wurde in Gleichung (5.11) das Moment des Dipols bei der primären Erregung berücksichtigt. Das Vorzeichen der Wurzel im Exponenten wird für $z > 0$ negativ, für $z < 0$ positiv gewählt, wie es für das Verschwinden des Feldes im Unendlichen zu fordern ist.

Die gesamte sekundäre Erregung erhält man durch Integration über alle Werte des Parameters λ :

$$\left.\begin{aligned}\mathfrak{f}_0^s &= \frac{i\omega}{4\pi} p_m \int_0^\infty f_0(\lambda) J_0(\lambda\rho) e^{-\sqrt{\lambda^2 - k_0^2} z} d\lambda , \quad z > 0, \\ \mathfrak{f}_1^s &= \frac{i\omega}{4\pi} p_m \int_0^\infty f_1(\lambda) J_0(\lambda\rho) e^{+\sqrt{\lambda^2 - k_1^2} z} d\lambda , \quad z < 0 \end{aligned}\right\} \tag{8}$$

b) Lösung der Gesamterregung

Für die Gesamterregung des Feldes ergibt sich somit nach Gleichung (1) aus (6) und (8)

$$\left.\begin{aligned}\mathfrak{f}_0 &= \frac{i\omega}{4\pi r} p_m e^{-ik_0 r} + \frac{i\omega}{4\pi} p_m \int_0^\infty f_0(\lambda) J_0(\lambda\rho) e^{-\sqrt{\lambda^2 - k_0^2} z} d\lambda , \quad z > 0, \\ \mathfrak{f}_1 &= \frac{i\omega}{4\pi r} p_m e^{-ik_1 r} + \frac{i\omega}{4\pi} p_m \int_0^\infty f_1(\lambda) J_0(\lambda\rho) e^{+\sqrt{\lambda^2 - k_1^2} z} d\lambda , \quad z < 0, \end{aligned}\right\} \tag{9}$$

Mit diesen Gleichungen ist nicht nur die Differentialgleichung (5) gelöst, sondern auch dem geforderten Verhalten der Lösung im Nullpunkt und im Unendlichen genügt. Es bleiben noch die Grenzbedingungen zu erfüllen, wozu die bisher willkürlichen Funktionen f_0 und f_1 dienen.

---

x) Die allgemeine Form der Partikulärlösungen ist

$$A \begin{Bmatrix} \cos n\varphi \\ \sin n\varphi \end{Bmatrix} f_\nu(\lambda) e^{\mp \sqrt{\lambda^2 - k_\nu^2} z} \begin{Bmatrix} J_n(\lambda\rho) \\ N_n(\lambda\rho) \end{Bmatrix} .$$

Aus der Forderung der Endlichkeit von $\mathfrak{f}_\nu$ bzw. $\mathfrak{f}_\nu^s$ für $\rho = 0$, $z \neq 0$ sowie der Axialsymmetrie des Problems ergibt sich die Lösung in der obigen Gestalt.

Die Grenzbedingungen für elektromagnetische Felder fordern an der Oberfläche des Halbraumes den stetigen Übergang der Tangentialkomponenten von $\mathcal{E}$ und $\mathcal{H}$, d.h. der ρ- und φ-Komponenten, die nach (4.19) und (4.20) gegeben sind durch

$$\left.\begin{array}{l} \mathcal{E}_{\nu\rho} = \mathcal{H}_{\nu\varphi} = 0 ,\\ \mathcal{E}_{\nu\varphi} = \dfrac{\partial \mathcal{F}_\nu}{\partial \rho} , \quad \mathcal{H}_{\nu\rho} = \dfrac{1}{i\omega\mu_\nu} \cdot \dfrac{\partial^2 \mathcal{F}_\nu}{\partial \rho \, \partial z} \; ; \; \nu = 0, 1 \end{array}\right\} \quad (10)$$

Sie ergeben für $z = 0$ die Bedingungen

$$\frac{\partial \mathcal{F}_0}{\partial \rho} = \frac{\partial \mathcal{F}_1}{\partial \rho} \quad (11) , \quad \frac{1}{\mu_0} \cdot \frac{\partial^2 \mathcal{F}_0}{\partial \rho \, \partial z} = \frac{1}{\mu_1} \frac{\partial^2 \mathcal{F}_1}{\partial \rho \, \partial z} . \quad (12)$$

Diese Gleichungen gelten für jeden Wert von ρ, können also nach ρ integriert werden. Die Integrationskonstante muß dabei Null gesetzt werden, weil $\mathcal{F}_\nu$ und $\partial \mathcal{F}_\nu / \partial z$ für $\rho \to \infty$ verschwinden müssen. Infolgedessen gehen die Grenzbedingungen über in

$$\mathcal{F}_0 = \mathcal{F}_1 \quad (13) , \quad \frac{1}{\mu_0} \frac{\partial \mathcal{F}_0}{\partial z} = \frac{1}{\mu_1} \frac{\partial \mathcal{F}_1}{\partial z} . \quad (14)$$

Um die Grenzbedingungen anwenden zu können, müssen beide Summanden auf den rechten Seiten der Gleichungen (9) auf die gleiche Form gebracht werden. Dazu muß das Vektorpotential $\mathcal{F}_\nu^p$ für die primäre Erregung in eine Summe von Partikulärlösungen der Form (7) umgeformt werden. Dies geschieht mit Hilfe des SOMMERFELD-Integrals

$$\frac{e^{-ik_\nu r}}{r} = \int_0^\infty \frac{\lambda}{\sqrt{\lambda^2 - k_\nu^2}} \, J_0(\lambda\rho) \, e^{\mp \sqrt{\lambda^2 - k_\nu^2} \, z} \, d\lambda , \quad (15)$$

wobei das negative Vorzeichen im Exponenten wieder für $z > 0$ ($\nu = 0$), das positive für $z < 0$ ($\nu = 1$) gilt. Die Gleichungen (9) gehen damit über in

$$\left.\begin{array}{l} \mathcal{F}_0 = \dfrac{i\omega}{4\pi} P_m \displaystyle\int_0^\infty \left(\dfrac{\lambda}{\sqrt{\lambda^2 - k_0^2}} + f_0(\lambda) \right) J_0(\lambda\rho) \, e^{-\sqrt{\lambda^2 - k_0^2} \, z} \, d\lambda , \; z \geq 0, \\[2mm] \mathcal{F}_1 = \dfrac{i\omega}{4\pi} P_m \displaystyle\int_0^\infty \left(\dfrac{\lambda}{\sqrt{\lambda^2 - k_1^2}} + f_1(\lambda) \right) J_0(\lambda\rho) \, e^{+\sqrt{\lambda^2 - k_1^2} \, z} \, d\lambda , \; z \leq 0. \end{array}\right\} \quad (16)$$

Mit dieser Form der Gesamterregung lassen sich die Grenzbedingungen leicht befriedigen. Die erste Bedingung, Gleichung (13), verlangt

$$\int_0^\infty \left(\frac{\lambda}{\sqrt{\lambda^2 - k_1^2}} - \frac{\lambda}{\sqrt{\lambda^2 - k_0^2}} + f_1(\lambda) - f_0(\lambda) \right) J_0(\lambda\rho) \, d\lambda = 0 . \quad (17)$$

Sie ist erfüllt, wenn gilt

$$f_0(\lambda) - f_1(\lambda) = \frac{\lambda}{\sqrt{\lambda^2 - k_1^2}} - \frac{\lambda}{\sqrt{\lambda^2 - k_0^2}} \quad (18)$$

Bei der zweiten Bedingung, Gleichung (14), tritt die Schwierigkeit auf, daß die primäre Erregung nicht durch die Formel (15) dargestellt werden darf, da bei der Ableitung des Integranden nach z die Integrale divergieren würden. Sie ist aber infolge des bei der Ableitung von $\mathfrak{f}_v^p$ auftretenden Faktors z an jeder Stelle der Grenzebene z = 0 von selbst erfüllt. Die zweite Grenzbedingung vereinfacht sich deshalb für die Gesamterregung zu

$$\int_0^\infty \left(\frac{1}{\mu_1} f_1(\lambda) \sqrt{\lambda^2 - k_1^2} + \frac{1}{\mu_o} f_o(\lambda) \sqrt{\lambda^2 - k_o^2} \right) J_o(\lambda \rho) \, d\lambda = 0 \ . \tag{19}$$

Sie ist erfüllt, wenn gilt

$$\frac{1}{\mu_1} f_1(\lambda) \sqrt{\lambda^2 - k_1^2} + \frac{1}{\mu_o} f_o(\lambda) \sqrt{\lambda^2 - k_o^2} = 0 \ . \tag{20}$$

Durch die Gleichungen (18) und (20) sind die Funktionen f_o und f_1 bestimmt zu

$$\left. \begin{array}{l} f_o(\lambda) = \dfrac{\mu_o \lambda}{\sqrt{\lambda^2 - k_o^2}} \cdot \dfrac{\sqrt{\lambda^2 - k_o^2} - \sqrt{\lambda^2 - k_1^2}}{\mu_1 \sqrt{\lambda^2 - k_o^2} + \mu_o \sqrt{\lambda^2 - k_1^2}} \ , \\[2em] f_1(\lambda) = \dfrac{\mu_1 \lambda}{\sqrt{\lambda^2 - k_1^2}} \cdot \dfrac{\sqrt{\lambda^2 - k_1^2} - \sqrt{\lambda^2 - k_o^2}}{\mu_1 \sqrt{\lambda^2 - k_o^2} + \mu_o \sqrt{\lambda^2 - k_1^2}} \ . \end{array} \right\} \tag{21}$$

Setzt man diese Ausdrücke in die Gleichungen (16) ein, so erhält man als endgültige Lösung für das Vektorpotential der Gesamterregung [x)]

$$\left. \begin{array}{l} \mathfrak{f}_o = \dfrac{i\omega}{4\pi} p_m \displaystyle\int_0^\infty \dfrac{(\mu_o + \mu_1) J_o(\lambda \rho)}{\mu_1 \sqrt{\lambda^2 - k_o^2} + \mu_o \sqrt{\lambda^2 - k_1^2}} \cdot e^{-\sqrt{\lambda^2 - k_o^2}\, z} \lambda \, d\lambda \ , \ z \geqq 0, \\[2em] \mathfrak{f}_1 = \dfrac{i\omega}{4\pi} p_m \displaystyle\int_0^\infty \dfrac{(\mu_o + \mu_1) J_o(\lambda \rho)}{\mu_1 \sqrt{\lambda^2 - k_o^2} + \mu_o \sqrt{\lambda^2 - k_1^2}} \cdot e^{+\sqrt{\lambda^2 - k_1^2}\, z} \lambda \, d\lambda \ , \ z \leqq 0. \end{array} \right\} \tag{22}$$

Damit können die Feldstärken $\mathfrak{E}$ und $\mathfrak{H}$ nach den Gleichungen (4.19) und (4.20) berechnet werden. In Komponenten geschrieben lauten sie

$$\left. \begin{array}{l} \mathfrak{E}_{v\rho} = v_z = 0 \ , \quad v_\varphi = \dfrac{\partial \mathfrak{f}_v}{\partial \rho} \\[1em] \mathfrak{H}_{v\rho} = \dfrac{1}{i\omega \mu_v} \cdot \dfrac{\partial^2 v}{\partial \rho \partial z} \ , \quad \mathfrak{H}_{v\varphi} = 0 \ , \quad \mathfrak{H}_{vz} = \dfrac{k_v^2}{i\omega \mu_v} + \dfrac{1}{i\omega \mu_v} \cdot \dfrac{\partial^2 \mathfrak{f}_v}{\partial z^2} \ . \end{array} \right\} \tag{23}$$

[x)] Für eine andere Zerlegung der Gesamterregung als die hier gewählte ergeben sich f_o und f_1 in anderer Form, für $\mathfrak{f}_o$ und $\mathfrak{f}_1$ aber die gleichen Lösungen (vgl. S. 16)

Das magnetische Feld des Dipols liegt also auch beim homogenen Halbraum in Vertikalebenen durch die Dipolachse, das elektrische Feld verläuft in Kreisen um diese Achse.

§ 7. Vektorpotential für quasistationäre Felder

Eine quasistationäre Behandlung elektromagnetischer Wellenausbreitungsvorgänge ist immer dann möglich, wenn die Wellenlänge groß ist gegenüber den Abmessungen der Apparatur bzw. den betrachteten Entfernungen ("Nahfeld"). Dann nämlich können alle Verschiebungsströme sowie die "Retardierung der Potentiale" (§ 5) vernachlässigt werden.

Unter der weiteren Annahme verschwindender Leitfähigkeit im oberen Halbraum ($z > 0$), also $\sigma_o = 0$, reduzieren sich die Ausbreitungskonstanten k_o und k_1 zu

$$k_o = 0 \quad \text{und} \quad k_1^2 = -i\omega\sigma_1\mu_1 \quad . \tag{1}$$

Es sei ferner die Permeabilität in beiden Halbräumen gleich ($\mu_o = \mu_1$).

Da mit diesen Spezialisierungen keine besonderen Konstanten des oberen Halbraumes mehr eingehen, wird im folgenden der Index 1 für den unteren Halbraum wieder fortgelassen:

$$k_1^2 = k^2 = -i\sigma\mu\omega . \tag{2}$$

Die Vektorpotentiale $\mathfrak{f}_o$ und $\mathfrak{f}_1$ nehmen dann nach (6.22) die Form an

$$\left. \begin{aligned} \mathfrak{f}_o &= \frac{i\omega}{2\pi} p_m \int_0^\infty \frac{J_o(\lambda\rho)}{\lambda + \sqrt{\lambda^2 - k^2}} e^{-\lambda z} \lambda \, d\lambda \quad , \quad z \geqq 0 \, , \\ \mathfrak{f}_1 &= \frac{i\omega}{2\pi} p_m \int_0^\infty \frac{J_o(\lambda\rho)}{\lambda + \sqrt{\lambda^2 - k^2}} e^{+\sqrt{\lambda^2 - k^2}\, z} \lambda \, d\lambda \quad , \quad z \leqq 0 \, . \end{aligned} \right\} \tag{3}$$

Es soll das Magnetfeld an der Grenzfläche $z = 0$ berechnet werden, die als Oberfläche des unteren Halbraumes $z \leqq 0$ angesehen wird ("Erdoberfläche"), sowie die Stromverteilung in seinem Innern. Die Berechnung erfolgt mit Hilfe von $\mathfrak{f}_1$. Dieser Weg stellt für das Magnetfeld bei $z = 0$ jedoch keine Einschränkung der Allgemeinheit des zu erwartenden Ergebnisses dar, da an der Grenzfläche nach den Bedingungen (6.13, 14) gilt

$$\mathfrak{f}_o = \mathfrak{f}_1 \quad , \quad \frac{\partial \mathfrak{f}_o}{\partial z} = \frac{\partial \mathfrak{f}_1}{\partial z} \tag{4}$$

und damit sämtliche Komponenten (6.23) des Magnetfeldes, die einzeln die Wellengleichung erfüllen, bei $z = 0$ stetig sind. Ihre Berechnung bei $z = 0$ könnte also ebenso gut auch mit Hilfe von $\mathfrak{f}_o$ erfolgen. Setzt man jetzt

$$i\sigma\mu\omega = -k^2 = \gamma^2 \quad , \quad \text{also} \quad \gamma = ik = \sqrt{\sigma\mu\omega} \cdot \sqrt{i} \quad , \tag{5}$$

und schreibt ferner zur Abkürzung

$$\lambda^2 - k^2 = \lambda^2 + \gamma^2 = u^2 \quad , \qquad (6)$$

so geht die Gleichung (3) für $\mathfrak{f}_1$ bei $z \leqq 0$ über in

$$\mathfrak{f}_1 = \frac{i\omega}{2\pi} p_m \int_0^\infty \frac{\lambda}{\lambda + u} e^{uz} J_0(\lambda\rho) d\lambda \quad . \qquad (7)$$

Bezeichnet man weiter mit P und N die Integralausdrücke

$$P = \int_0^\infty J_0(\lambda\rho) \frac{e^{uz}}{u} \lambda \, d\lambda \quad , \qquad (8)$$

$$N = \int_0^\infty J_0(\lambda\rho) \frac{e^{uz}}{u} \, d\lambda \quad , \qquad (9)$$

so läßt sich $\mathfrak{f}_1$ darstellen durch

$$\mathfrak{f}_1 = \frac{i\omega}{2\pi} p_m \frac{1}{\gamma^2} \left[\frac{\partial^2 P}{\partial z^2} + \frac{\partial}{\partial z} \left(\gamma^2 N - \frac{\partial^2 N}{\partial z^2} \right) \right] \quad , \qquad (10)$$

wie leicht nachzurechnen ist, wenn man beachtet, daß bei jeder Ableitung von P und N nach z ein Faktor u im Integranden hinzutritt. Der Ausdruck (8) ist das bereits aus (6.15) bekannte SOMMERFELD-Integral

$$P = \int_0^\infty J_0(\lambda\rho) \frac{e^{uz}}{u} \lambda \, d\lambda = \frac{e^{-ikr}}{r} = \frac{e^{-\gamma r}}{r} \quad . \qquad (11)$$

Für das Integral (9) hat FOSTER [x] mit Hilfe eines bekannten FOURIER-Integrals ebenfalls einen geschlossenen Ausdruck hergeleitet:

$$N = \int_0^\infty J_0(\lambda\rho) \frac{e^{uz}}{u} \, d\lambda = I_0\left[\frac{\gamma}{2}(r+z)\right] \cdot K_0\left[\frac{\gamma}{2}(r-z)\right] \quad , \qquad (12)$$

wobei I_0 und K_0 die modifizierten BESSEL- und HANKEL-Funktionen nullter Ordnung sind. Man erhält die Formel (12) auch direkt über ebenfalls bekannte Korrespondenzen zur HANKEL- und zur LAPLACE-Transformation [xx].

Durch die Gleichungen (8), (9), (10) ist das Vektorpotential $\mathfrak{f}_1$, das zunächst als uneigentliches Integral (7) berechnet war, auf eine geschlossene Form gebracht worden, mit der für die einzelnen Komponenten der Feldstärke $\mathfrak{H}$ an der Oberfläche z = 0 sowie für die Stromdichte j im gesamten Halbraum leicht numerisch auswertbare Ausdrücke hergeleitet werden können. Eine Zusammenstellung der wichtigsten Definitionen und Formeln zu den diese Rechnungen beherrschenden BESSEL-Funktionen komplexen Argumentes ist in Anhang I (S.95) gegeben.

---

[x] [30] S. 410
[xx] [61] Vol. II, 8.6,(20) S. 31
[60] S. 147, (108), Substitution $\lambda = \sqrt{u^2 - \gamma^2}$

§ 8

§ 8. Vertikale Komponente des Magnetfeldes

Die vertikale z - Komponente des Magnetfeldes im unteren Halbraum $z \leqq 0$ ist nach Gleichung (6.23) gegeben durch

$$\mathcal{H}_{1_z} = \frac{-\gamma^2}{i\omega\mu} \mathfrak{F}_1 + \frac{1}{i\omega\mu} \frac{\partial^2 \mathfrak{F}_1}{\partial z^2} = \frac{1}{i\omega\mu} \left(-\gamma^2 \mathfrak{F}_1 + \frac{\partial^2 \mathfrak{F}_1}{\partial z^2} \right) . \qquad (1)$$

wobei $\mathfrak{F}_1$ bestimmt wird nach (7.10) mit Hilfe der geschlossenen Ausdrücke (7.11) und (7.12) für P und N. Unter Anwendung der Wellengleichung für $\mathfrak{F}_1$ (vgl. (6.5)),

$$\frac{\partial^2 \mathfrak{F}_1}{\partial \rho^2} + \frac{1}{\rho} \frac{\partial \mathfrak{F}_1}{\partial \rho} + \frac{\partial^2 \mathfrak{F}_1}{\partial z^2} - \gamma^2 \mathfrak{F}_1 = 0 \qquad , \qquad (2)$$

ergibt sich aus (1)

$$\mathcal{H}_{1_z} = -\frac{1}{i\omega\mu} \left(\frac{\partial^2 \mathfrak{F}_1}{\partial \rho^2} + \frac{1}{\rho} \frac{\partial \mathfrak{F}_1}{\partial \rho} \right) . \qquad (3)$$

Da das Vektorpotential $\mathfrak{F}_1$ überall gleiche Richtung hat (vgl. (6.2)), also auch dessen Ableitungen, kann man direkt zu dem Betrag des Magnetfeldes $|\mathcal{H}_{1_z}| = H_{1_z}$ übergehen, indem man $\mathfrak{F}_1$ ebenfalls durch seinen Betrag $|\mathfrak{F}_1| = F_1$ ersetzt. Da ferner z und ρ voneinander unabhängige Variable sind, kann die Spezialisierung auf die Grenzfläche z = 0 bereits im Ausdruck F_1 vor den Differentiationen nach ρ erfolgen.

Aus Gleichung (7.11) berechnet man

$$\left[\frac{\partial^2 P}{\partial z^2} \right]_{z=0} = - \frac{(1+\gamma\rho) e^{-\gamma\rho}}{\rho^3} \qquad (4)$$

und aus (7.12), unter erneuter Anwendung der Wellengleichung (2) sowie des Ausdrucks für die WRONSKIsche Determinante des Funktionspaares $K_o(z)$, $I_o(z)$ (Anhang I (15)),

$$\left[\frac{\partial}{\partial z} \left(\gamma^2 N - \frac{\partial^2 N}{\partial z^2} \right) \right]_{z=0} = \frac{1}{\rho^3} \qquad . \qquad (5)$$

Damit folgt nach (7.10) für das Vektorpotential F_1 bei z = 0, hier kurz mit F bezeichnet,

$$\left[F_1 \right]_{z=0} = F = \frac{i\omega}{2\pi} P_m \frac{1 - (1+\gamma\rho) e^{-\gamma\rho}}{\gamma^2 \rho^3} \qquad . \qquad (6)$$

Die Ergebnisse zweimaligen Differenzierens sind

$$\frac{\partial F}{\partial \rho} = \frac{i\omega}{2\pi} P_m \frac{1}{\gamma^2 \rho^4} \left[-3 + (3 + 3\gamma\rho + \gamma^2 \rho^2) e^{-\gamma\rho} \right] , \qquad (7)$$

$$\frac{\partial^2 F}{\partial \rho^2} = \frac{i\omega}{2\pi} P_m \frac{1}{\gamma^2 \rho^5} \left[12 - (12 + 12\gamma\rho + 5\gamma^2\rho^2 + \gamma^3\rho^3) e^{-\gamma\rho} \right] . \qquad (8)$$

Für das Magnetfeld H_{1_z} bei $z = 0$, kurz mit H_z bezeichnet, ergibt sich somit nach (8)

$$[H_{1_z}]_{z=0} = H_z = \frac{p_m}{2\pi\mu\rho^3} \frac{1}{\lambda^2\rho^3}\left[(9 + 9\gamma\rho + 4\gamma^2\rho^2 + \gamma^3\rho^3)e^{-\gamma\rho} - 9\right] \quad . \quad (9)$$

Es ist dies die Lösung für die z - Komponente des Magnetfeldes in komplexer Form. Als reelle Lösung kommt nur der Real- oder Imaginärteil des komplexen Ausdrucks (9) für H_z in Frage. Dabei ist zu beachten, daß der komplexe Faktor $e^{i\omega t} = \cos\omega t + i\sin\omega t$ für die harmonische Zeitabhängigkeit, der in allen Gleichungen für $\mathcal{O}_f$ und f auftritt und bisher jeweils fortgelassen ist (vgl. § 4), jetzt auf der rechten Seite von (9) wieder hinzuzufügen ist, da er bei der Trennung dieses Ausdrucks in Real- und Imaginärteil natürlich mit berücksichtigt werden muß.

Als Ergebnis der Trennung von (9) in Real- und Imaginärteil erhält man, unter Berücksichtigung von (7.5),

$$H_z = \frac{p_m}{2\pi\mu\rho^3}\frac{1}{\rho^2\sigma\mu\omega}\left\{\left[\left(\frac{9}{\sqrt{2}}\rho\sqrt{\sigma\mu\omega} + 4\sigma\mu\omega\rho^2 + \frac{1}{\sqrt{2}}\rho^3(\sigma\mu\omega)^{3/2}\right)\cos\frac{1}{\sqrt{2}}\rho\sqrt{\sigma\mu\omega}\, e^{-\frac{1}{\sqrt{2}}\rho\sqrt{\sigma\mu\omega}} - \right.\right. \quad (10)$$

$$\left. - \left(9 + \frac{9}{\sqrt{2}}\rho\sqrt{\sigma\mu\omega} - \frac{1}{\sqrt{2}}\rho^3(\sigma\mu\omega)^{3/2}\right)\sin\frac{1}{\sqrt{2}}\rho\sqrt{\sigma\mu\omega}\, e^{-\frac{1}{\sqrt{2}}\rho\sqrt{\sigma\mu\omega}}\right]\cos\omega t +$$

$$+ \left[\left(\frac{9}{\sqrt{2}}\rho\sqrt{\sigma\mu\omega} + 4\rho^2\sigma\mu\omega + \frac{1}{\sqrt{2}}\rho^3(\sigma\mu\omega)^{3/2}\right)\sin\frac{1}{\sqrt{2}}\rho\sqrt{\sigma\mu\omega}\, e^{-\frac{1}{\sqrt{2}}\rho\sqrt{\sigma\mu\omega}} + \right.$$

$$\left.\left. + \left(9 + \frac{9}{\sqrt{2}}\rho\sqrt{\sigma\mu\omega} - \frac{1}{\sqrt{2}}\rho^3(\sigma\mu\omega)^{3/2}\right)\cos\frac{1}{\sqrt{2}}\rho\sqrt{\sigma\mu\omega}\, e^{-\frac{1}{2}\rho\sqrt{\sigma\mu\omega}} - 9\right]\sin\omega t\right\} -$$

$$- i\frac{p_m}{2\pi\mu\rho^3}\frac{1}{\rho^2\sigma\mu\omega}\left\{\left[\left(9 + \frac{9}{\sqrt{2}}\rho\sqrt{\sigma\mu\omega} - \frac{1}{\sqrt{2}}\rho^3(\sigma\mu\omega)^{3/2}\right)\cos\frac{1}{\sqrt{2}}\rho\sqrt{\sigma\mu\omega}\, e^{-\frac{1}{\sqrt{2}}\rho\sqrt{\sigma\mu\omega}} + \right.\right.$$

$$\left. + \left(\frac{9}{\sqrt{2}}\rho\sqrt{\sigma\mu\omega} + 4\rho^2\sigma\mu\omega + \frac{1}{\sqrt{2}}\rho^3(\sigma\mu\omega)^{3/2}\right)\sin\frac{1}{\sqrt{2}}\rho\sqrt{\sigma\mu\omega}\, e^{-\frac{1}{\sqrt{2}}\rho\sqrt{\sigma\mu\omega}} - 9\right]\cos\omega t +$$

$$+ \left[\left(9 + \frac{9}{\sqrt{2}}\rho\sqrt{\sigma\mu\omega} - \frac{1}{\sqrt{2}}\rho^3(\sigma\mu\omega)^{3/2}\right)\sin\frac{1}{\sqrt{2}}\rho\sqrt{\sigma\mu\omega}\, e^{-\frac{1}{\sqrt{2}}\rho\sqrt{\sigma\mu\omega}} - \right.$$

$$\left.\left. - \left(\frac{9}{\sqrt{2}}\rho\sqrt{\sigma\mu\omega} + 4\rho^2\sigma\mu\omega + \frac{1}{\sqrt{2}}\rho^3(\sigma\mu\omega)^{3/2}\right)\cos\frac{1}{\sqrt{2}}\rho\sqrt{\sigma\mu\omega}\, e^{-\frac{1}{\sqrt{2}}\rho\sqrt{\sigma\mu\omega}}\right]\sin\omega t\right\}.$$

Wenn man, wie in der Geophysik üblich, als reelle harmonische Zeitabhängigkeit einer Primärerregung die Sinusfunktion ansieht, so erhält man für die reelle Lösung von H_z den Imaginärteil von (10). Die Materialkonstanten σ und μ sowie die Frequenz ω treten offenbar immer zusammen mit dem Abstand ρ vom Dipol auf, und zwar in der Form $\rho\sqrt{\sigma\mu\omega}$, so daß es zweckmäßig erscheint, ohne spezielle Annahmen über die einzelnen Werte dieser Konstanten hierfür eine neue Größe R einzuführen:

$$R = \sqrt{\sigma\mu\omega}\,\rho \quad . \quad (11)$$

Sie hat die Dimension einer Zahl und wird als "numerische Entfernung" bezeichnet.

Der Faktor, der in (10) vor den geschweiften Klammern steht, enthält die Amplitude Z_p der primären Erregung für den unteren Halbraum $z \leqq 0$ an der Grenzfläche $z = 0$ im Falle durchweg verschwindender Leitfähigkeit, d.h. die Feldstärke eines stationären Dipols vom Moment p_m im Vollraum der Permeabilität μ in der Äquatorebene des Dipols:

$$Z_p = \frac{p_m}{4\pi\mu\rho^3} \quad . \tag{12}$$

Unter Benutzung von (11) und (12) läßt sich die reelle Lösung für H_z – bei sinusförmiger Zeitfunktion des Dipols – in der Form schreiben

$$H_z = Z_p C_z^{sin} \sin\omega t + Z_p C_z^{cos} \cos\omega t \tag{13}$$

wobei C_z^{sin} und C_z^{cos} reelle, dimensionslose Funktionen der "numerischen Entfernung" R sind:

$$C_z^{sin} = +\frac{2}{R^2}\left\{\left[\left(\frac{9}{\sqrt{2}}R + 4R^2 + \frac{1}{\sqrt{2}}R^3\right)\cos\frac{1}{\sqrt{2}}R - \left(9 + \frac{9}{\sqrt{2}}R - \frac{1}{\sqrt{2}}R^3\right)\sin\frac{1}{\sqrt{2}}R\right]e^{-\frac{1}{\sqrt{2}}R}\right\} , \tag{14}$$

$$C_z^{cos} = -\frac{2}{R^2}\left\{\left[\left(9 + \frac{9}{\sqrt{2}}R - \frac{1}{\sqrt{2}}R^3\right)\cos\frac{1}{\sqrt{2}}R + \left(\frac{9}{\sqrt{2}}R + 4R^2 + \frac{1}{\sqrt{2}}R^3\right)\sin\frac{1}{\sqrt{2}}R\right]e^{-\frac{1}{\sqrt{2}}R} - 9\right\} . \tag{15}$$

Da Z_p zugleich die Amplitude der Gesamterregung des Feldes bei $z = 0$ im Vollraum verschwindender Leitfähigkeit darstellt,

$$H_z^0 = -Z_p \sin\omega t \quad , \tag{16}$$

kennzeichnen die sogenannten "Induktionsfunktionen" C_z^{sin} und C_z^{cos} in (13) den Einfluß des leitenden Halbraumes auf die vertikale z-Komponente des Magnetfeldes. Sie sind in Abb. 2 graphisch dargestellt.

Eine allgemeine Diskussion der Kurvenbilder erfolgt im Anschluß an die Berechnung der horizontalen Komponente des Magnetfeldes, zusammen mit deren Sinus- und Kosinus-Phase (§ 10)

§ 9 . Horizontale Komponente des Magnetfeldes

Der Betrag der horizontalen Komponente des Magnetfeldes an der Oberfläche $z = 0$ des unteren Halbraumes ist nach (6.23) gegeben durch

$$\left[H_{1\rho}\right]_{z=0} = H_\rho = \frac{1}{i\omega\mu}\left[\frac{\partial^2 F_1}{\partial\rho\partial z}\right]_{z=0} = \frac{1}{i\omega\mu}\frac{\partial}{\partial\rho}\left[\frac{\partial F_1}{\partial z}\right]_{z=0} , \tag{1}$$

wobei wieder benutzt ist, daß infolge der Unabhängigkeit der Variabeln ρ und z voneinander die Beschränkung auf den Fall $z = 0$ bereits vor der Differentiation nach ρ erfolgen kann.

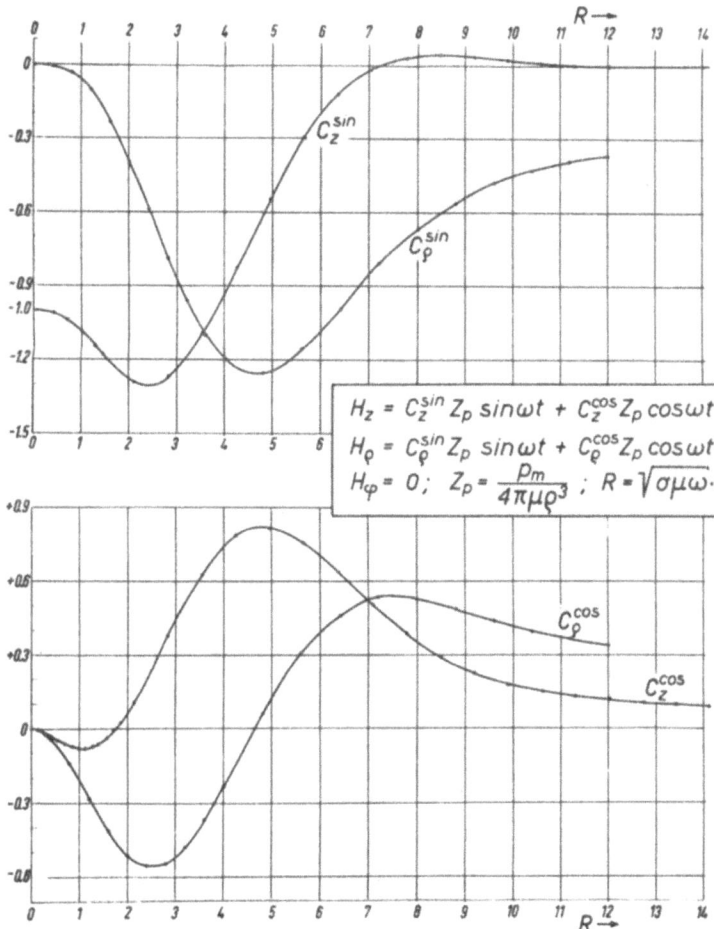

Abb. 2 : Induktionsfunktionen für das Magnetfeld eines vertikalen magnetischen Dipols an der Oberfläche eines leitenden, homogenen Halbraumes.

Nach Gleichung (7.10) ist

$$\left[\frac{\partial F_1}{\partial z}\right]_{z=0} = \frac{i\omega}{2\pi} p_m \frac{1}{\gamma^2} \left[\frac{\partial^3 P}{\partial z^3} + \frac{\partial^2}{\partial z^2}\left(\gamma^2 N - \frac{\partial^2 N}{\partial z^2}\right)\right]_{z=0} \quad . \quad (2)$$

Für den ersten Summanden in der eckigen Klammer folgt aus (7.11)

$$\left[\frac{\partial^3 P}{\partial z^3}\right]_{z=0} = 0 \quad . \quad (3)$$

Damit erhält man aus (2), unter Anwendung der Wellengleichung (8.2) und Vertauschung der Reihenfolge der Differentiationen,

$$\left[\frac{\partial F_1}{\partial z}\right]_{z=0} = \frac{i\omega}{2\pi} p_m \frac{1}{\gamma^2} \left(\frac{\partial^2}{\partial \rho^2} + \frac{1}{\rho}\frac{\partial}{\partial \rho}\right)\left[\frac{\partial^2 N}{\partial z^2}\right]_{z=0} \quad . \quad (4)$$

Mit den Rekursionsformeln für die modifizierten Zylinderfunktionen sowie der WRONSKIschen Determinante des Funktionenpaares $K_o(z)$, $I_o(z)$ folgt aus (7.12)

§ 9

$$\left[\frac{\partial^2 N}{\partial z^2}\right]_{z=0} = \frac{\gamma^2}{2} \; (I_0 K_0 + I_1 K_1) \qquad , \qquad (5)$$

wobei hier und im folgenden die Argumente ($\gamma/2\,\rho$) der Funktionen I_0, K_0, I_1, K_1 der Übersichtlichkeit halber jeweils fortgelassen sind. Die Gleichung (4) geht damit über in

$$\left[\frac{\partial F_1}{\partial z}\right]_{z=0} = \frac{i\omega}{4\pi} p_m \left(\frac{\partial^2}{\partial \rho^2} + \frac{1}{\rho}\frac{\partial}{\partial \rho}\right)(I_0 K_0 + I_1 K_1) \; . \qquad (6)$$

Zweimaliges Differenzieren des letzten Klammerausdruckes nach ρ ergibt

$$\frac{\partial}{\partial \rho}(I_0 K_0 + I_1 K_1) = -\frac{2}{\rho} I_1 K_1 \qquad , \qquad (7)$$

$$\frac{\partial^2}{\partial \rho^2}(I_0 K_0 + I_1 K_1) = \frac{6}{\rho^2} I_1 K_1 + \frac{\gamma}{\rho}(I_1 K_0 - I_0 K_1) \; . \qquad (8)$$

Mit den Gleichungen (6), (7), (8) erhält man nach (1) für H_ρ

$$H_\rho = \frac{p_m}{4\pi\mu}\frac{\partial}{\partial \rho}\left[\frac{4}{\rho^2} I_1 K_1 + \frac{\gamma}{\rho}(I_1 K_0 - I_0 K_1)\right] \qquad (9)$$

und nach Ausführung der Differentiation

$$H_\rho = \frac{p_m}{4\pi\mu\rho^3}\left[(-16 - \gamma^2\rho^2) I_1 K_1 + \gamma^2\rho^2 I_0 K_0 - 8\gamma\rho I_1 K_0 + 8\right] \qquad (10)$$

Es ist dies, analog zur Gleichung (8.9) für die z - Komponente, die Lösung für die ρ - Komponente des Magnetfeldes in komplexer Form. Als reelle Lösung kommt wieder nur Real- oder Imaginärteil des komplexen Ausdrucks in Frage. Dabei ist auch hier wieder der komplexe Faktor $e^{i\omega t} = \cos\omega t + i \sin\omega t$ für die harmonische Zeitabhängigkeit zu berücksichtigen und vor der Trennung in Real- und Imaginärteil auf der rechten Seite der Gleichung hinzuzufügen. Die Trennung des Ausdrucks (10) für H_ρ in Real- und Imaginärteil erfolgt mit Hilfe der Definitionsgleichungen für die modifizierten BESSEL- und HANKEL-Funktionen sowie die KELVIN-Funktionen (vgl. Anhang I (21) und (22) mit $z = \frac{1}{2}\rho\sqrt{\sigma\mu\omega}$) und ergibt

$$\begin{aligned}H_\rho = \frac{p_m}{4\pi\mu\rho^3} &\Big\{ \Big[\frac{\pi}{2}\sigma\mu\omega\rho^2 (\text{her}_1 \text{ber}_1 - \text{hei}_1 \text{bei}_1 - \text{ber her} + \text{bei hei}) + 8\pi(\text{hei}_1 \text{ber}_1 + \text{her}_1\text{bei}_1) \\ &+ 8 + 2\sqrt{2}\pi\sqrt{\sigma\mu\omega}\,\rho(\text{bei}_1 \text{hei} + \text{bei}_1 \text{her} + \text{ber}_1 \text{hei} - \text{ber}_1 \text{her})\Big] \cdot \cos\omega t \\ &- \Big[\frac{\pi}{2}\sigma\mu\omega\rho^2 (\text{hei}_1 \text{ber}_1 + \text{her}_1 \text{bei}_1 - \text{bei her} - \text{ber hei}) + 8\pi(\text{hei}_1 \text{bei}_1 - \text{her}_1\text{ber}_1) \\ &+ 2\sqrt{2}\pi\sqrt{\sigma\mu\omega}\rho(\text{bei}_1 \text{hei} - \text{ber}_1 \text{her} - \text{bei}_1 \text{her} - \text{ber}_1 \text{hei})\Big] \cdot \sin\omega t \Big\} \\ + \, i\frac{p_m}{4\pi\mu\rho^3} &\Big\{ \Big[\frac{\pi}{2}\sigma\mu\omega\rho^2 (\text{hei}_1 \text{ber}_1 + \text{her}_1 \text{bei}_1 - \text{bei her} - \text{ber hei}) + 8\pi(\text{hei}_1 \text{bei}_1 - \text{her}_1\text{ber}_1) \\ &+ 2\sqrt{2}\pi\sqrt{\sigma\mu\omega}\,\rho(\text{bei}_1 \text{hei} - \text{ber}_1 \text{her} - \text{bei}_1 \text{her} - \text{ber}_1 \text{hei})\Big] \cdot \cos\omega t \\ &+ \Big[\frac{\pi}{2}\sigma\mu\omega\rho^2 (\text{her}_1 \text{ber}_1 - \text{hei}_1 \text{bei}_1 - \text{ber her} + \text{bei hei}) + 8\pi(\text{hei}_1 \text{ber}_1 + \text{her}_1\text{bei}_1) \\ &+ 8 + 2\sqrt{2}\pi\sqrt{\sigma\mu\omega}\,\rho(\text{bei}_1 \text{hei} + \text{bei}_1 \text{her} + \text{ber}_1 \text{hei} - \text{ber}_1 \text{her})\Big] \cdot \sin\omega t \Big\} \; .\end{aligned} \qquad (11)$$

Die Argumente ($\frac{\rho}{2}\sqrt{\sigma\mu\omega}$) der Funktionen ber, bei, her, hei, ber_1, bei_1, her_1 und hei_1 sind auch hier der Übersichtlichkeit halber fortgelassen worden. Bei sinusförmiger Zeitfunktion ist der Imaginärteil von (11) die reelle Lösung für H_ρ. Die Materialkonstanten σ und μ sowie die Frequenz ω treten auch hier jeweils in der Form $\sqrt{\sigma\mu\omega}\rho$ auf, so daß hierfür wieder die bereits in (8.11) eingeführte "numerische Entfernung" R geschrieben werden kann:

$$R = \sqrt{\sigma\mu\omega}\,\rho \qquad (12)$$

Der Quotient, der als Faktor vor den geschweiften Klammern steht, ist wieder die bereits in (8.12) eingeführte Größe Z_p, die Feldstärke des als stationär betrachteten Dipols vom Moment p_m.

$$Z_p = \frac{p_m}{4\pi\mu\rho^3} \qquad (13)$$

Mit den Gleichungen (12) und (13) läßt sich die reelle Lösung für H_ρ, analog zur Gleichung (8.13) für H_z, in der Form schreiben

$$H_\rho = Z_p\, C_\rho^{\sin} \sin\omega t + Z_p\, C_\rho^{\cos} \cos\omega t \qquad (14)$$

wobei $C_\rho^{\sin}$ und $C_\rho^{\cos}$ ebenfalls reelle, dimensionslose Funktionen der "numerischen Entfernung" R sind und für eine sinusförmige Zeitfunktion des Dipols lauten

$$C_\rho^{\sin} = \pi\Big[\frac{R^2}{2}\,(her_1\,ber_1 - hei_1\,bei_1 - ber\,her + bei\,hei) + (ber_1\,hei_1 + bei_1\,her_1)$$
$$+ 2\sqrt{2}\,R\,(bei_1\,hei + bei_1\,her + ber_1\,hei - ber_1\,her) + \frac{8}{\pi}\Big] \qquad (15)$$

$$C_\rho^{\cos} = \pi\Big[\frac{R^2}{2}\,(hei_1\,ber_1 + her_1\,bei_1 - bei\,her - ber\,hei) + 8\,(hei_1\,bei_1 - her_1\,ber_1)$$
$$+ 2\sqrt{2}\,R\,(bei_1\,hei - ber_1\,her - bei_1\,her - ber_1\,hei)\Big] \qquad (16)$$

Sie kennzeichnen den Einfluß des leitenden Halbraumes auf die horizontale ρ – Komponente des Magnetfeldes bei $z=0$ gegenüber dem Feld im Vollraum bei verschwindender Leitfähigkeit, dessen ρ – Komponente bei $z=0$ identisch verschwindet:

$$H_\rho^o \equiv 0 \qquad (17)$$

Die "Induktionsfunktionen" $C_\rho^{\sin}$ und $C_\rho^{\cos}$ sind ebenfalls in Abb. 2 graphisch dargestellt, zusammen mit den entsprechenden Funktionen $C_z^{\sin}$ und $C_z^{\cos}$ für die z – Komponente, und sollen gemeinsam mit ihnen diskutiert werden.

Für die φ – Komponente des Magnetfeldes folgt nach Gleichung (6.23)

$$H_\varphi \equiv 0 \qquad (18)$$

§ 10. Diskussion des Magnetfeldes

a) Graphische Darstellung

In Abb. 2 ist auf der Ordinate jeweils der Funktionswert der Sinus-Phasen C_z^{sin} und C_ρ^{sin} sowie der Kosinus-Phasen C_z^{cos} und C_ρ^{cos} aufgetragen, auf der Abszisse die "numerische Entfernung" $R = \sqrt{\sigma\mu\omega}\,\rho$. Bei konstanten Werten σ, μ und ω ist R ein lineares Maß für den wahren Abstand ρ vom Dipol. Für mittlere Werte, etwa $\sigma = 10^{-2}\ \Omega^{-1}\,m^{-1}$, $\mu = 10^{-6}\ V\ sec/A\ m$, $\omega = 10^2\ sec^{-1}$, entspricht ein $R = 1$ einem $\rho = 10^3\ m = 1\ km$.

Man kann nun die gleichen Kurven zeichnen in Abhängigkeit von ρ bei jeweils festen σ, μ, ω, aber verschiedenem ω als Parameter. Bei doppelter Frequenz würden die Abszissenwerte, um den gleichen Wert für R zu erhalten, mit $1/\sqrt{2}$ zu multiplizieren sein, die Kurven also um den Faktor $\sqrt{2}$ gerafft. Bei halber Frequenz tritt in entsprechender Weise der Faktor $\sqrt{2}$ hinzu, die Kurvenbilder werden auf das $\sqrt{2}$-fache gedehnt usw. Auf diese Weise kann man für einen bestimmten Wert von ρ und festen σ, μ die Größen C_z^{sin}, C_ρ^{sin}, C_z^{cos} und C_ρ^{cos} auch in Abhängigkeit von der Frequenz ω, bzw. $\sqrt{\omega}$, zeichnen, erhält dann aber wieder die gleichen Kurvenbilder wie in der Abhängigkeit von ρ bzw. R. Denn bei konstantem Abstand ρ vom Dipol kann man die Induktionsfunktionen C_z^{sin}, C_ρ^{sin}, C_z^{cos} und C_ρ^{cos} auch als Funktionen der Frequenz ω betrachten. Die numerische Entfernung R ist dann ein lineares Maß für $\sqrt{\omega}$; doppeltes R entspricht vierfacher Frequenz, usw. Um auf der Abszisse einen linearen Zuwachs der Frequenz zu erreichen, muß sie also quadratisch gedehnt werden.

Die gleichen Betrachtungen wie für die Frequenz ω bei festen Werten ρ und σ lassen sich anstellen bei festen ρ und ω für verschiedene Werte der Leitfähigkeit σ, da Änderungen von σ und ω für eine Änderung von R gleichbedeutend sind.

Aus den Kurven der Abb. 2 läßt sich bei bekannter Leitfähigkeit σ und Permeabilität μ des Halbraumes das Magnetfeld an der Oberfläche $z = 0$ (Erdoberfläche) bei gegebener Frequenz ω für jeden Abstand ρ vom Dipol oder bei festem Abstand ρ für jede Frequenz ω[x)] bestimmen.

b) Verhalten des Feldes in speziellen Punkten

Interessante Spezialfälle sind das Magnetfeld für extrem kleine und große Werte der numerischen Entfernung R.

Der Fall $R \to 0$ ist gegeben durch $\omega \to 0$, $\sigma \to 0$ oder $\rho \to 0$. Die Funktionen C_z^{cos}, C_ρ^{sin} und C_ρ^{cos} streben gegen Null, C_z^{sin} gegen -1. Das Feld verhält sich in jedem Augenblick wie das Feld eines stationären Dipols, es tritt keine Phasenverschiebung auf, der Feldvektor ist stets vertikal gerichtet und jeweils entgegengesetzt zum erregenden Moment $\mathcal{P}_m$. Seine Amplitude ist durch Z_p bestimmt:

$$H_z^o = -Z_p \sin \omega t \qquad (1)$$

[x)] vorausgesetzt, daß für den quasistationären Fall die Periode τ der Welle groß gegenüber der Laufzeit $t - t'$ ist.

Für $\omega \to 0$ oder $\sigma \to 0$ und $\rho \neq 0$ ist dieser Fall sicher richtig. Für $\rho \to 0$ ist wegen des starken Anwachsens des Faktors Z_ρ mit $1/\rho^3$ eine gesonderte Untersuchung notwendig. Zu diesem Zwecke werden C_z^{cos}, C_ρ^{sin}, und C_ρ^{cos} in Potenzreihen entwickelt, wobei jedoch nur die Glieder bis zur 3. Potenz von R berücksichtigt zu werden brauchen (Anhang II). Man erhält aus (8.14, 15) und (9.15, 16):

$$C_z^{sin} = -1 - \frac{1}{\sqrt{2}} R + \frac{1}{2} R^2 + \frac{47}{30\sqrt{2}} R^3 + \text{Glieder höherer Ordnung} \quad , \quad (2)$$

$$C_z^{cos} = -\frac{1}{4} R^2 + \frac{2\sqrt{2}}{15} R^3 + \text{Glieder höherer Ordnung} \quad , \quad (3)$$

$$C_\rho^{sin} = \text{Glieder höherer Ordnung} \quad , \quad (4)$$

$$C_\rho^{cos} = -\frac{1}{4} R^2 + \text{Glieder höherer Ordnung} \quad . \quad (5)$$

Aus diesen Reihenentwicklungen der Induktionsfunktionen ist ersichtlich, daß von den entsprechenden Feldgrößen nur die ρ-Komponente der Sinus-Phase H_ρ^{sin} für $\rho = 0$ verschwindet, während beide Komponenten der Kosinus-Phase, H_z^{cos} und H_ρ^{cos}, für $\rho \to 0$ wie $1/\rho$ und die z-Komponente der Sinus-Phase H_z^{sin} von mindestens derselben Ordnung wie $1/\rho^3$ unendlich werden:

$$H_z^{sin}(\rho \to 0) = O\left(\frac{1}{\rho^3}\right) \quad , \quad (6)$$

$$H_z^{cos}(\rho \to 0) = O\left(\frac{1}{\rho}\right) \quad , \quad (7)$$

$$H_\rho^{sin}(\rho \to 0) = 0 \quad , \quad (8)$$

$$H_\rho^{cos}(\rho \to 0) = O\left(\frac{1}{\rho}\right) \quad . \quad (9)$$

Am Orte des erregenden Dipols hat also nicht nur die primäre, sondern auch die sekundäre Erregung des Feldes, absolut betrachtet, eine Singularität. Da aber die primäre Erregung von höherer Ordnung unendlich wird als die sekundäre Erregung, die aus allen anderen Feldgrößen gebildet wird, kann jene im Verhältnis zu H_z^{sin} für $\rho \to 0$ vernachlässigt werden. Die folgenden Quotienten verschwinden sämtlich von höherer Ordnung:

$$\frac{H_z^{cos}}{H_z^{sin}}(\rho \to 0) = O(\rho^2) \quad , \quad (10)$$

$$\frac{H_\rho^{sin}}{H_z^{sin}}(\rho \to 0) = O(\rho^4) \quad , \quad (11)$$

$$\frac{H_\rho^{cos}}{H_z^{sin}}(\rho \to 0) = O(\rho^2) \quad . \quad (12)$$

Damit kann das Gesamtfeld aber auch hier durch Gleichung (1) beschrieben werden als das Feld eines in jedem Augenblick stationären Dipols.

§ 10

Den Kurvenbildern der Abb. 2 ist zu entnehmen, daß es auf der Abszisse einige spezielle Werte R gibt, für die mehrere der Induktionsfunktionen C_z^{sin}, C_ρ^{sin}, C_z^{cos}, C_ρ^{cos} gleichzeitig ausgezeichnete Punkte wie Extrema, Wendepunkte oder Nulldurchgänge haben. Sie liegen etwa bei $R = 1,2$; $2,4$; $4,6$; $7,2$ und $8,5$.

Der Fall großer Abszissenwerte R ist gegeben durch große Abstände ρ, hohe Leitfähigkeit σ oder hohe Frequenzen ω. Die Induktionsfunktionen C_z^{sin}, C_ρ^{sin}, C_z^{cos} und C_ρ^{cos} streben für $R \to \infty$ sämtlich gegen Null, das Feld verschwindet sowohl im Unendlichen als auch bei einem vollkommen leitenden Halbraum. Die Sinus-Phase der z-Komponente ($Z_p C_z^{sin}$) ist nach Abb. 2 bereits für etwa $R > 7$ gegenüber den übrigen Feldkomponenten zu vernachlässigen, so daß dort die Phase des primären, stationären Dipolfeldes vollkommen hinter dem Feld der induzierten Ströme und der sekundären Erregung zurücktritt.

Um etwas über die Abnahme der Beträge der Induktionsfunktionen für große Werte des Argumentes aussagen zu können, sind deren Beträge mit R^2 bzw. R multipliziert worden. Bei einer Abnahme wie $1/R^2$ für große R müssen die mit R^2 multiplizierten Funktionen dort waagerechte Geraden darstellen.

In Abb. 3 sieht man zunächst, daß die Kurve für $R^2 C_z^{sin}$, wie zu erwarten ist, direkt in die Abszissenachse einmündet. Dagegen nimmt die Kurve für $R^2 C_z^{cos}$ sehr schnell den konstanten Wert $+18$ an. Die Funktion C_z^{cos} nimmt also in der Tat für große R wie $1/R^2$ ab, was für die zugehörige Phase des Magnetfeldes $Z_p C_z^{cos}$ bei festen Werten σ, μ und ω eine Abnahme wie $1/\rho^5$ für große ρ bedeutet, bzw. bei festen Werten σ, μ und ρ eine Abnahme mit $1/\omega$ für große ω. Entsprechendes gilt für σ.

Anders ist das Verhalten der ρ-Komponente von Sinus- und Kosinus-Phase. Die Funktionen $R^2 C_\rho^{sin}$ und $R^2 C_\rho^{cos}$ laufen für große Werte des Argumentes in Geraden mit nicht verschwindender Steigung aus. Daraus folgt für C_ρ^{sin} und C_ρ^{cos} bei großem R eine Abnahme wie $1/R$, für die zugehörigen Phasen des Magnetfeldes, $Z_p C_\rho^{sin}$ und $Z_p C_\rho^{cos}$, bei festen Werten σ, μ und ω eine Abnahme wie $1/\rho^4$ für große ρ, bzw. für feste Werte σ, μ und ρ eine Abnahme wie $1/\sqrt{\omega}$ für große ω. Gleiches wie für ω gilt wieder für σ.

Dieser Tatbestand ist ebenfalls aus Abb. 4 zu entnehmen, in der die mit R multiplizierten Funktionen C_ρ^{sin} und C_ρ^{cos} dargestellt sind und die hier jetzt in der Tat für große R innerhalb der Rechengenauigkeit in waagerechte Geraden auslaufen.

Mit wachsendem R überwiegen also immer mehr die horizontalen Komponenten der Sinus- und Kosinus-Phasen des Magnetfeldes (Abnahme wie $1/R$) gegenüber den vertikalen Komponenten (Abnahme wie $1/R^2$), so daß für sehr große Werte von R genähert wieder ein lineares, jetzt allerdings horizontal gerichtetes Wechselfeld besteht. Für alle anderen Werte von R, also beim Übergang vom vertikalen Wechselfeld bei $R = 0$ zum horizontalen Wechselfeld für sehr große R, ist das Magnetfeld elliptisch polarisiert.

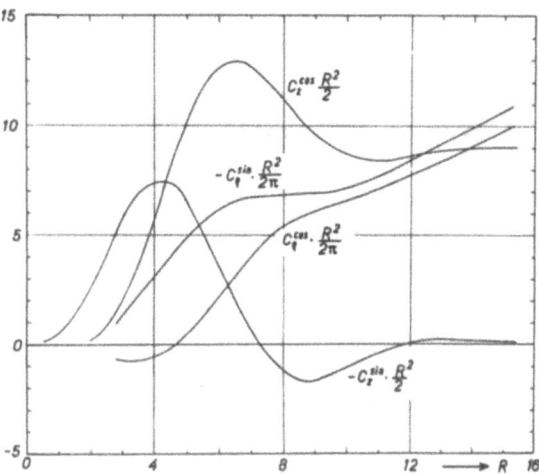

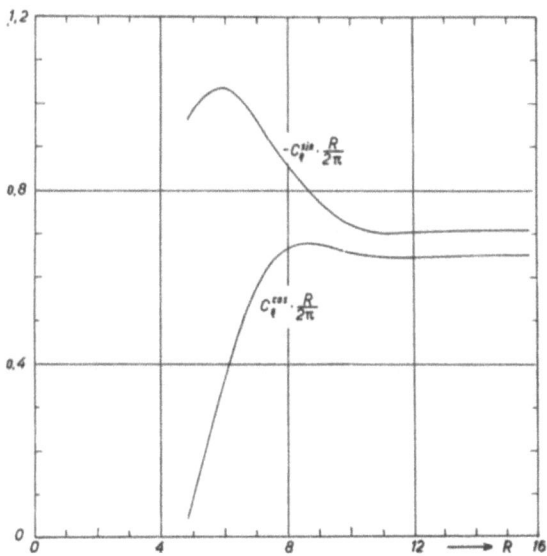

Abb. 3 und 4: Zum Verhalten der Induktionsfunktionen für große R.

c) Die Feldellipsen

Durch vektorielle Addition der einzelnen Komponenten C_z^{sin}, C_ρ^{sin}, und C_z^{sin}, C_ρ^{cos} werden die Sinus- und Kosinus-Phasen C^{sin} und C^{cos} des dem Betrage nach durch Z_p dividierten Magnetfeldes bestimmt:

$$H/Z_p = C^{cos} \cos \omega t + C^{sin} \sin \omega t \qquad . \qquad (13)$$

Sie bilden jeweils ein Paar konjugierter Durchmesser der sogenannten Feldellipsen. Nach dem RYTZschen Verfahren [x)] können die Hauptachsen bestimmt und damit die Ellipsen selbst, etwa mit Hilfe der Krümmungskreise, gezeichnet werden. Abb. 5 zeigt einige dieser Feldellipsen für verschiedene Werte von R.

Bei R = 0 besteht ein reines vertikales Wechselfeld, das sich in jedem Augenblick verhält wie das Feld eines stationären Dipols vom Moment $\mathscr{p}_m$ und dessen Periode gleich der des erregenden Dipols ist. Bei einem R ≠ 0 besteht ein elliptisches Drehfeld: der Endpunkt des Feldvektors vollführt in jeder Periode einen Umlauf auf der Feldellipse. Anfangslage (t = 0) und Drehsinn des Feldvektors sind jeweils durch einen kleinen Pfeil angegeben. Die Hauptachse der Feldellipse neigt sich mit wachsendem R vom Dipol fort gegen die Horizontale, von R = 0 bis R → ∞ insgesamt um 90°. Im gleichen Sinne drehen sich mit wachsendem R sowohl die Kosinus-Phase C^{cos} (insgesamt um 180°) als auch die Sinus-Phase C^{sin} (insgesamt um 90°), wobei allerdings C^{cos} für kleine R (R < 1,7) und C^{sin} für große R (R > 7,2) noch einen kleinen "Ausschlag" in entgegengesetzter Richtung besitzt. Für sehr große Werte von R werden die Feldellipsen immer flacher und gehen schließlich genähert in waagerechte Geraden eines horizontalen Wechselfeldes über.

Um den Einfluß des leitenden Halbraumes auf das Magnetfeld auch hier zu kennzeichnen, sind in Abb. 5 die waagerechten Linien bei ± 1 eingezeichnet: ohne den Halbraum, also für durchweg σ = 0, herrscht an jeder Stelle ein reines vertikales Wechselfeld der Amplitude 1, wie es bei R = 0 besteht. Die Abnahme des Feldes ist dann allein durch den Faktor Z_p bedingt, der ja in jedem Falle erst die wahre Amplitude des Feldes beim Übergang von den Induktionsfunktionen zu den entsprechenden Feldkomponenten vermittelt.

d) Das Streufeld

Den vom gesamten homogenen Halbraum herrührenden Teil des Gesamtfeldes, das sogenannte Streufeld $\mathscr{H}_s$, erhält man durch vektorielle Subtraktion des Primärfeldes im Vakuum, $\mathscr{H}^o = \mathscr{H}_z^o$, vom jeweiligen Feldvektor $\mathscr{H}$:

$$\mathscr{H}_s = \mathscr{H} - \mathscr{H}_z^o \qquad . \qquad (14)$$

Beim Übergang zu den Beträgen ergibt sich nach (1) und (13)

$$H_s/Z_p = C^{cos} \cos \omega t + C^{sin} \sin \omega t + \sin \omega t$$
$$= C_s^{cos} \cos \omega t + C_s^{sin} \sin \omega t \qquad (15)$$

mit $\qquad C_s^{cos} = C^{cos} \quad (16) \qquad$ und $\qquad C_s^{sin} = C^{sin} + 1 \qquad . \qquad (17)$

[x)] [10] S. 87 - 88

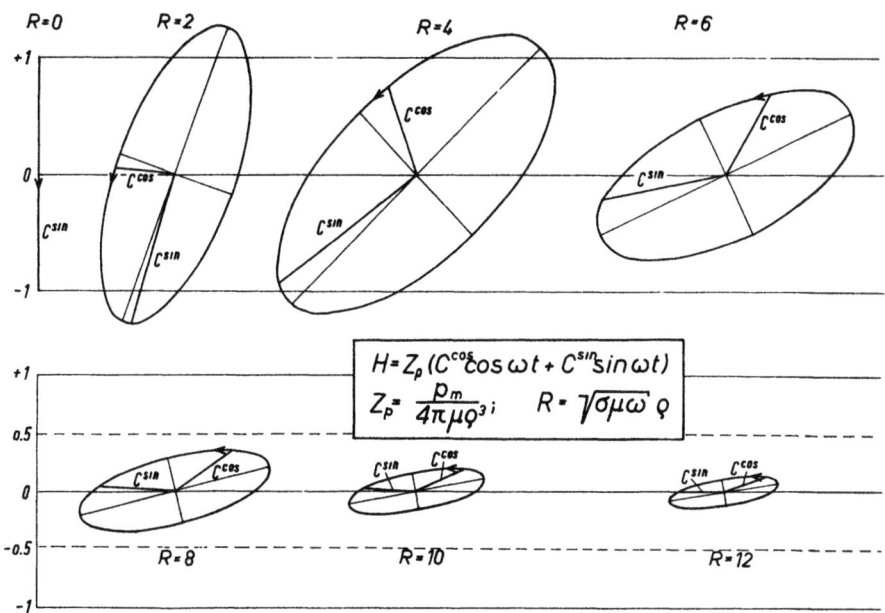

Abb. 5: Feldellipsen für das Magnetfeld eines harmonisch oszillierenden magnetischen Dipols an der Oberfläche eines leitenden homogenen Halbraumes

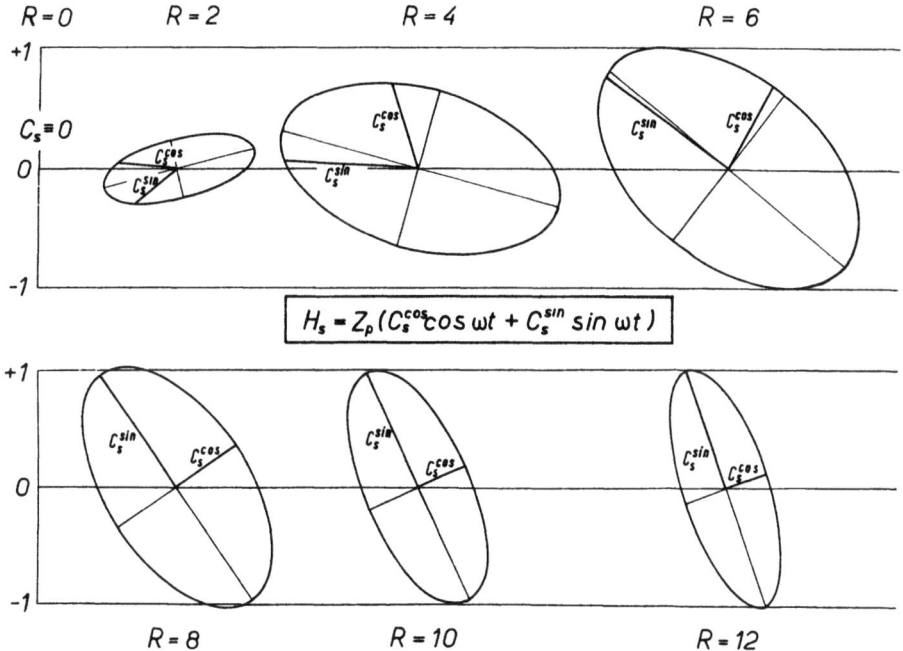

Abb. 6: Feldellipsen für das Streufeld eines harmonisch oszillierenden magnetischen Dipols an der Oberfläche eines leitenden homogenen Halbraumes

Das Streufeld $\mathfrak{H}_s$ ist also ebenfalls elliptisch polarisiert, die Kosinus-Phase C_s^{cos} ist die gleiche wie beim Gesamtfeld, die Sinus-Phase C_s^{sin} in der reduzierten Darstellung von H_s/Z_p gegenüber dem Gesamtfeld um 1 vergrößert. C_s^{cos} und C_s^{sin} sind wieder konjugierte Durchmesser der Feldellipsen, die in der gleichen Weise wie beim Gesamtfeld graphisch dargestellt sind (Abb. 6). Man erkennt, daß sich für große numerische Entfernungen R ein mit wachsender Annäherung linear polarisiertes, dem Primärfeld des Vakuums entgegengesetzt gerichtetes Streufeld gleicher Stärke ausbildet, das das Vakuumfeld nahezu aufhebt. Man kann hierin einen Ausdruck sowohl für die dämpfende Wirkung des leitenden Halbraumes sehen als auch für den Skineffekt an der Grenzfläche, der eine Verdrängung der Stromlinien und des Gesamtfeldes in das Gebiet größerer magnetischer Feldstärke bewirkt, d.h. eine Konzentration von Strom und Magnetfeld an der Oberfläche des Halbraumes und in Dipolnähe.

Eine Trennung des Streufeldes vom Gesamtfeld kann zur Veranschaulichung des Einflusses des Halbraumes dienen. Sie ist aber, wie bereits BUCHHEIM [28] bemerkt hat, für theoretische Betrachtungen ziemlich künstlich und auch für die Praxis wenig glücklich, da sie nicht den natürlichen physikalischen Vorgängen entspricht. Nicht das Primärfeld des Vakuums, sondern an jedem Ort das magnetische Gesamtfeld ist es, das die Ringströme im Halbraum induziert (vgl. § 1). Der physikalischen Natur der Induktionsvorgänge wird also eine Betrachtung des Gesamtfeldes besser gerecht als die der Primär- und Streufelder. Die gewonnenen Aussagen sind aber in beiden Fällen gleichwertig.

Bei bekannter ionosphärischer Stromverteilung würden diese Betrachtungen - in ionosphärische Dimensionen übertragen - nun ebenfalls eine Trennung der erdmagnetischen Variationen in äußeren und inneren Anteil zwecks erdmagnetischer Tiefensondierung vom theoretischen Standpunkt aus als nicht notwendig erscheinen lassen. Der innere Anteil vermittelt dann lediglich ein anschauliches Bild vom Einfluß der Erde auf die gesamte Variation, seine Trennung vom Gesamtfeld wird aber nicht den physikalischen Vorgängen gerecht. Da eine direkte Vermessung des ionosphärischen Stromsystems bisher jedoch nicht möglich ist, kann man erst indirekt aus dem äußeren Anteil der Variationen auf die Stromverteilung in der Ionosphäre schließen.

Die hier im Anschluß an die Behandlung des harmonisch oszillierenden Dipols gemachten Ausführungen lassen sich ohne Änderung auf den Fall eines Dipols mit beliebiger Zeitfunktion übertragen. Es wird daher im folgenden wieder jeweils nur das magnetische Gesamtfeld untersucht.

§ 11 . Anwendung auf geoelektrische Prospektion

Bei den Induktionsverfahren der angewandten Geoelektrik wird der Einfluß von Leitfähigkeitsanomalien im leitenden Erdboden auf Betrag, Phase oder Lage des von einem elektrischen oder magnetischen Sender ausgesandten elektromagnetischen Feldes untersucht.[x] Dabei muß der für Prospektionsaufgaben allein interessierende Anteil der Anomalie vom Einfluß des umgebenden Erdbodens getrennt werden, was bisher infolge der geringen Kenntnis über dieses "Streufeld" nur in unzulänglicher Weise geschehen konnte.

---

[x] Über die bisherigen Verfahren siehe [12]

Bei dem sogenannten Dipolinduktionsverfahren wird im Außenraum einer horizontalen, ringförmigen Stromschleife gemessen, die in größerem Abstand (ab etwa 13 Schleifenradien) als vertikaler magnetischer Dipol angesehen werden kann. Speziell bei dem "Kippwinkelverfahren" beschränkt man sich darauf, den "Kipp"- oder "Vertikalwinkel" α zu messen, den die große Halbachse der Feldellipse mit ihrer Projektion auf die Erdoberfläche bildet, sowie den "Horizontalwinkel" β zwischen dieser Projektion und der Profilrichtung zum Dipol (Abb. 7). Dabei sei zunächst vorausgesetzt, daß die Feldellipsen in Vertikalebenen liegen. Messungen des Horizontalwinkels β haben den Vorteil, daß sie zur Auswertung keinerlei Kenntnis des Streufeldes voraussetzen, das ja in jedem Fall in Vertikalebenen durch den Dipol liegt und für das der Horizontalwinkel selbst identisch Null ist. Sie haben dabei allerdings den Nachteil, daß sie bei allgemeiner Lage der Feldellipse im Raum nicht mehr eindeutig einer Drehung der Ellipse in der Horizontalebene zuzuordnen sind.

Zur eindeutigen Bestimmung der Schwingungsebene und der Achsenrichtungen einer Feldellipse sind im allgemeinen drei Winkel notwendig. Die genannten Vertikal- und Horizontalwinkel α und β geben die Lage der Ellipse bezüglich Drehungen in der Vertikalebene durch die Spur der Ellipse (Schnitt mit der Zeichen- bzw. Meßebene) und der Horizontalebene an, in Abb. 7 also Drehungen um eine Achse in y- bzw. z-Richtung. Als dritter Winkel wäre der "Neigungswinkel" γ anzugeben, der die Lage der Ellipse bezüglich Drehungen in der Vertikalebene senkrecht zur Spur angibt, d.h. bei Drehungen um die Spur selbst bzw. um eine Achse in x-Richtung (Abb. 8).

Beschränkt man sich auf Messungen der Vertikal- und Horizontalwinkel α und β, unter der Annahme vertikaler Schwingungsebenen, so werden nur die Projektionen der Feldellipse auf zwei zueinander senkrechte Ebenen vermessen: auf die Horizontalebene bei der Vermessung des Horizontalwinkels und auf die Vertikalebene durch die große Halbachse dieser Projektion bei anschließender Vermessung des Vertikalwinkels. Dabei treten bei einer tatsächlich bestehenden Neigung γ Abweichungen Δα und Δβ der gemessenen Werte α' und β' von den eigentlichen Werten α und β auf, wenn diese im speziellen Sinne die Drehung der Ellipse um nur zwei Achsen beschreiben.

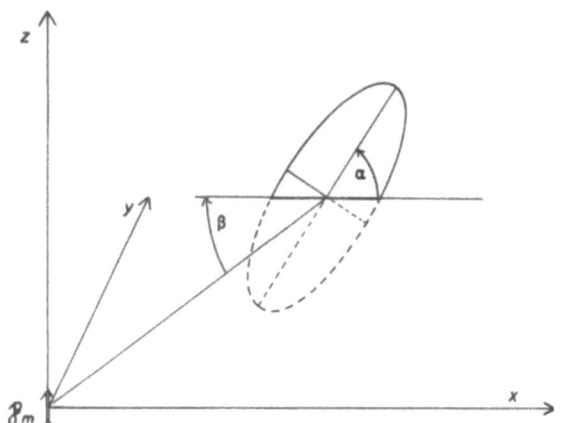

Abb. 7: Vertikalwinkel α und Horizontalwinkel β für eine Feldellipse in allgemeiner Vertikalebene.

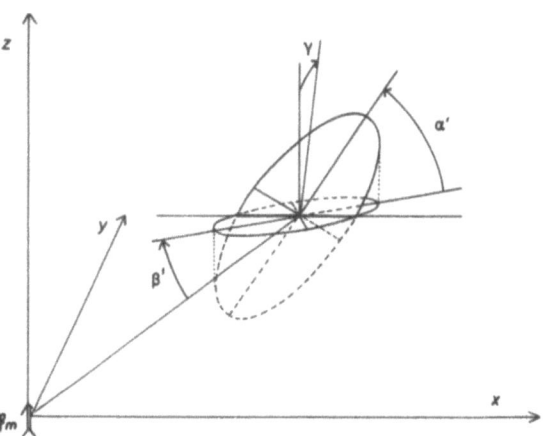

Abb. 8: Die gemessenen, scheinbaren Vertikal- und Horizontalwinkel α' und β' für eine Feldellipse allgemeiner Lage mit dem Neigungswinkel γ.

§ 11

Für den Zusammenhang zwischen α' und α sowie β' und β gelten in guter Näherung [x)] die Beziehungen ($\alpha \neq 90°$)

$$\alpha' = \alpha + \Delta\alpha = \alpha \cos\gamma \qquad \text{mit} \qquad \Delta\alpha = \alpha(\cos\gamma - 1) \quad , \qquad (1)$$

$$\beta' = \beta + \Delta\beta = \beta - \alpha \sin\gamma \qquad \text{mit} \qquad \Delta\beta = -\alpha \sin\gamma \quad , \qquad (2)$$

wobei α und α' positiv nach oben gezählt werden, β und γ bzw. β' und γ' positiv in dem Sinne, daß sie mit den zugehörigen Drehachsen Rechtsschrauben bilden. Im Falle $\alpha = 90°$ ändert sich der gemessene Horizontalwinkel β' bei wachsendem Neigungswinkel γ sprunghaft um $90°$, wenn die Projektion der Feldellipse auf die Horizontalebene gerade einen Kreis beschreibt. Der gemessene Vertikalwinkel α' bleibt dann ebenfalls zunächst konstant und nimmt erst nach der kreisförmigen Projektion der Feldellipse wie $90° - \gamma$ weiter bis auf Null ab.

Nach den Beziehungen (1) und (2) bewirken kleine Neigungswinkel (etwa $\gamma < 45°$) bei dem Horizontalwinkel β wesentlich größere Abweichungen des gemessenen vom wahren Wert als bei dem Vertikalwinkel α. So können kleine Winkel γ bei großem Vertikalwinkel α eventuell große Leitfähigkeitsanomalien vortäuschen. Hingegen dürften Messungen des Vertikalwinkels α' bei kleinem Neigungswinkel γ infolge der sehr viel geringeren Abweichung vom wahren Wert genaueren Aufschluß über Lage und Größe der Anomalie geben. Ein Vorschlag zur Auswertung der Vertikalwinkelmessungen sei hier kurz angegeben:

In Abb. 5 waren die Feldellipsen an der Erdoberfläche aus den Kurven der Abb. 2 heraus gezeichnet für verschiedene Werte der "numerischen Entfernung" $R = \sqrt{\sigma\mu\omega}\,\rho$. Mit Hilfe dieser Feldellipsen kann der Vertikalwinkel α, der Kippwinkel der großen Halbachse gegen die Horizontale, in Abhängigkeit von R gezeichnet werden. Trägt man dabei auf der Abszisse den (dekadischen) Logarithmus von R auf,

$$\log R = \tfrac{1}{2}\log\sigma + \tfrac{1}{2}\log\mu + \tfrac{1}{2}\log\omega + \log\rho \quad , \qquad (3)$$

so erhält man die Kurve der Abb. 9. Zum Vergleich ist die entsprechende aus den Rechnungen von GRAF (vgl. § 2 b) ermittelte Kurve [xx)] ebenfalls eingezeichnet. Sie zeigt, wie erwartet, lediglich in Dipolnähe ($R < 1$) eine hinreichende Übereinstimmung mit der neuen Kurve.

Trägt man im gleichen Ordinatenmaßstab die gemessenen Werte des Vertikalwinkels, gemessen längs eines Profils, ausgehend vom Dipol, ebenfalls logarithmisch in Abhängigkeit vom wahren Abstand ρ auf, so kann bei vollkommen homogenem Erdboden diese Kurve mit der theoretischen Kurve nach (3) durch reines Verschieben längs der Abszisse zur Deckung gebracht werden. Aus einem beliebigen Punktepaar von R und ρ kann dann bei gegebener Kreisfrequenz ω und bekannter Permeabilität μ, die ohne große Fehler durchweg gleich μ_0 gesetzt werden kann, die Leitfähigkeit σ des Bodens nach (3) berechnet werden.

[x)] d.h. unter der Annahme, daß die Projektion der großen Halbachse der Feldellipse gleich der großen Halbachse ihrer Projektion ist.

[xx)] Für die Überlassung dieser noch unveröffentlichten Kurve bin ich Herrn Prof. W. KERTZ zu Dank verpflichtet.

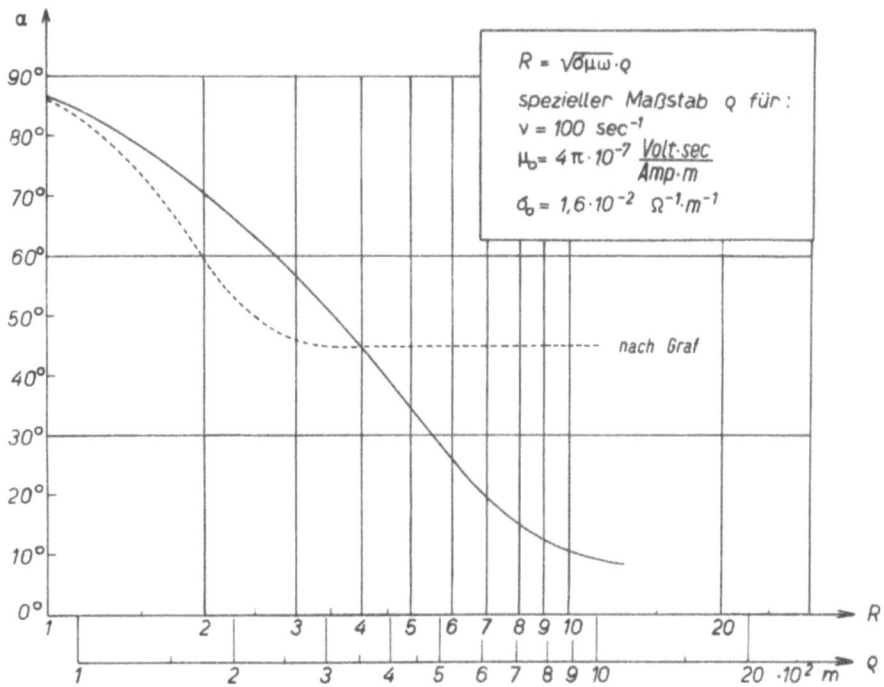

Abb. 9: Vertikalwinkel der Feldellipsen eines vertikalen magnetischen Dipols an der Oberfläche eines leitenden, homogenen Halbraumes. Zum Vergleich ist ebenfalls die aus den Rechnungen von GRAF ermittelte Kurve eingetragen.

Als Beispiel werde angenommen, daß die Messung eine Kurve des Vertikalwinkels ergeben habe, die - über der unteren Abszisse in Abb. 9 aufgetragen - bereits mit der theoretischen Kurve zur Deckung gebracht worden ist. Aus einem beliebigen Paar entsprechender Werte für R und ρ, etwa aus R = 10 und ρ = 890 m, berechnet man bei einer Frequenz $\nu = \omega/2\pi = 1000$ sec^{-1} mit $\mu = \mu_o = 4\pi \cdot 10^{-7}$ V sec/Am eine Leitfähigkeit von $\sigma = 1,6 \cdot 10^{-2}$ Ω^{-1} m^{-1}. Die Kurve in Abb. 9 stellt also für die speziellen Werte $\nu = 1000$ sec^{-1}, $\mu_o = 4\pi \cdot 10^{-7}$ V sec/Am und $\sigma_o = 1,6 \cdot 10^{-2}$ Ω^{-1} m^{-1} die Abhängigkeit des Vertikalwinkels vom Logarithmus des wahren Abstandes dar. Sie kann für gleiche Frequenzen als spezielle "theoretische Kurve" mit einem für die betreffende Frequenz und Leitfähigkeit speziellen Abszissenmaßstab log ρ angesehen werden. Aus der Differenz der Abszissenmaßstäbe einer über homogenem Boden gemessenen und dieser speziellen theoretischen Kurve bei deren beider Deckung - oder, bei Auftragung der Numeri, aus dem Quotienten einander entsprechender Werte - kann das Verhältnis σ/σ_o der Leitfähigkeit des Halbraumes zu dem bekannten Wert σ_o berechnet werden. Versuche über annähernd homogenem Untergrund haben zu einer Bestätigung der theoretischen Winkelabhängigkeit geführt und ergeben eine gute Übereinstimmung der auf diese Art ermittelten Leitfähigkeit des Bodens mit dem nach den klassischen Widerstandsmethoden gewonnenen Wert.

Wenn in den zu untersuchenden Boden Leitfähigkeitsanomalien eingelagert sind, so wird die gemessene Kurve des Vertikalwinkels Abweichungen von der theoretischen Kurve zeigen. An Stellen höherer Leitfähigkeit im Untergrund werden kleinere Vertikalwinkel, an Stellen geringerer Leitfähigkeit größere Vertikalwinkel auftreten. Man bringt dann die gemessene Kurve mit der theoretischen möglichst gut zur Deckung und kann zunächst wieder wie oben eine "mittlere Leitfähigkeit" σ_m des Bodens berechnen. Anhand der Abweichungen von der theoretischen Kurve ist dann sowohl die Lage der Leitfähigkeitsanomalie festzustellen als auch eine gute Abschätzung über deren Größe möglich, indem man aus der waagerechten Differenz zur theoretischen Kurve an jeder Stelle auf die gleiche Art eine "virtuelle Leitfähigkeit" σ_v berechnet, die ein homogener Halbraum haben würde, der an der betreffenden Stelle den gleichen Kippwinkel bewirkt.

§ 12. Die Stromverteilung

Um Zusammenhänge zwischen den erdmagnetischen Variationen und gleichzeitigen Variationen des Erdstromes aufzudecken, wird für den vorliegenden Modellfall ebenfalls das Feld der Induktionsströme untersucht.

a) Induktionsfunktionen der Stromdichte

Induzierte Ströme können, da im oberen Halbraum ($z > 0$) die Leitfähigkeit verschwindet, nur im unteren Halbraum ($z \leq 0$) fließen. Unter der Annahme der Gültigkeit des Ohmschen Gesetzes folgt für die φ-Komponente der Stromdichte $j_{1\varphi}$ aus (6.23)

$$j_{1\varphi} = \sigma \mathcal{E}_{1\varphi} = \sigma \frac{\partial \mathcal{E}_1}{\partial \rho} \quad , \quad z \leq 0 \quad . \tag{1}$$

Da die φ-Komponente des elektrischen Feldes $\mathcal{E}_1$ und damit auch die der Stromdichte j_1 die einzig nicht verschwindenden Komponenten sind, wird im folgenden der Index φ jeweils fortgelassen, der Index 1 deutet weiterhin an, daß die Rechnungen sich auf den unteren Halbraum beziehen.

Mit (7.10) und (7.5) ergibt sich aus (1) für die Stromdichte

$$j_1 = \frac{p_m}{2\pi\mu} \left[\frac{\partial^3 P}{\partial \rho \, \partial z^2} + \frac{\partial^2}{\partial \rho \, \partial z} \left(\gamma^2 N - \frac{\partial^2 N}{\partial z^2} \right) \right] \quad . \tag{2}$$

Die Berechnung der Stromdichte führt also auf gemischte partielle Differentiationen bis zur 4. Ordnung der geschlossenen Ausdrücke (7.11, 12) für P und N nach den Unabhängigen ρ und z:

$$P = \frac{e^{-\gamma r}}{r} \quad , \tag{3}$$

$$N = I_o\left[\frac{\gamma}{2}(r+z)\right] \cdot K_o\left[\frac{\gamma}{2}(r-z)\right] \quad , \tag{4}$$

$$\text{mit} \quad r = \sqrt{\rho^2 + z^2} \quad . \tag{5}$$

Für den ersten Term in Gleichung (2) ergibt sich

$$\frac{\partial^3 P}{\partial \rho \, \partial z^2} = e^{-\gamma r} \frac{\rho}{r^7} \left[(\gamma r)^2 (\rho^2 - 5z^2) - (\gamma r)^3 z^2 + \gamma r (3\rho^2 - 12z^2) + (3\rho^2 - 12z^2) \right] \tag{6}$$

Die bei der mehrfachen Differentiation des Ausdrucks (4) für N auftretenden Produkte von Ableitungen verschiedner Ordnungen der modifizierten BESSEL- und HANKEL-Funktionen $I_o\left[\frac{\gamma}{2}(r+z)\right]$ und $K_o\left[\frac{\gamma}{2}(r-z)\right]$ lassen sich reduzieren auf vier unabhängige Produkte der Funktionen $I_o\left[\frac{\gamma}{2}(r+z)\right]$, $I_1\left[\frac{\gamma}{2}(r+z)\right]$ einerseits

und $K_o\left[\frac{\gamma}{2}(r-z)\right]$, $K_1\left[\frac{\gamma}{2}(r-z)\right]$ andererseits

(vgl. Anhang I (12) - (14)). Für den zweiten Term in Gleichung (2) ergibt sich somit:

$$\frac{\partial^2}{\partial\rho\,\partial z}\left(\gamma^2 N - \frac{\partial^2 N}{\partial z^2}\right) = \tag{7}$$

$$I_o\left[\frac{\gamma}{2}(r+z)\right] \cdot K_o\left[\frac{\gamma}{2}(r-z)\right]\left[\frac{\gamma^2}{2}\frac{3z\rho^3-12z^3\rho}{r^6} + \frac{\gamma^4}{2}\frac{z\rho^3}{r^4}\right] +$$

$$+ I_1\left[\frac{\gamma}{2}(r+z)\right] \cdot K_1\left[\frac{\gamma}{2}(r-z)\right]\left[\frac{\gamma^2}{2}\frac{2\rho z^3-13z\rho^3}{r^6} - \frac{\gamma^4}{2}\frac{z\rho^3}{r^4}\right] +$$

$$+ I_o\left[\frac{\gamma}{2}(r+z)\right] \cdot K_1\left[\frac{\gamma}{2}(r-z)\right]\left[\gamma^3\frac{2z\rho^3-z^3\rho}{r^5} + \frac{\gamma^3}{2}\frac{z^2\rho}{r^4} + \frac{\gamma}{2}\frac{12z^4\rho+9z^2\rho^3-3\rho^5}{r^8} - \frac{\gamma}{2}\frac{12\rho z^3-3\rho^3 z}{r^7}\right] +$$

$$+ I_1\left[\frac{\gamma}{2}(r+z)\right] \cdot K_o\left[\frac{\gamma}{2}(r-z)\right]\left[\gamma^3\frac{z^3\rho-2z\rho^3}{r^5} + \frac{\gamma^3}{2}\frac{z^2\rho}{r^4} + \frac{\gamma}{2}\frac{12z^4\rho+9z^2\rho^3-3\rho^5}{r^8} - \frac{\gamma}{2}\frac{12\rho z^3-3\rho^3 z}{r^7}\right].$$

Für die Stromverteilung im Halbraum $z \leqq 0$ erhält man damit aus (2) mit (6) und (7):

$$j_1 = \frac{p_m}{2\pi\mu r^4}\left\{\frac{\rho}{r^3}\left[(\gamma r)^2(\rho^2-5z^2) - (\gamma r)^3 z^2 + \gamma r(3\rho^2-12z^2) + 3\rho^2-12z^2\right] e^{-\gamma r} +\right.$$

$$+ I_o K_o \cdot \left[\frac{\gamma^2}{2}\frac{3z\rho^3-12z^3\rho}{r^2} + \frac{\gamma^4}{2} z\rho^3\right] + \tag{8}$$

$$+ I_1 K_1 \cdot \left[\frac{\gamma^2}{2}\frac{2\rho z^3-13z\rho^3}{r^2} - \frac{\gamma^4}{2} z\rho^3\right] +$$

$$+ I_o K_1 \left[\gamma^3\frac{2z\rho^3-2z^3\rho}{r} + \frac{\gamma^3}{2} z^2\rho + \frac{\gamma}{2}\frac{12z^4\rho+9z^2\rho^3-3\rho^5}{r^4} - \frac{\gamma}{2}\frac{12\rho z^3-3\rho^3 z}{r^3}\right] +$$

$$+ \left. I_1 K_o \cdot \left[\gamma^3\frac{z^3\rho-2z\rho^3}{r} + \frac{\gamma^3}{2} z^2\rho + \frac{\gamma}{2}\frac{12z^4\rho+9z^2\rho^3-3\rho^5}{r^4} + \frac{\gamma}{2}\frac{12\rho z^3-3\rho^3 z}{r^3}\right]\right\}.$$

Dabei sind der Übersichtlichkeit halber die Argumente $\left[\frac{\gamma}{2}(r+z)\right]$ und $\left[\frac{\gamma}{2}(r-z)\right]$ der modifizierten BESSEL- und HANKEL-Funktionen jeweils wieder fortgelassen worden.

Die Gleichung (8) stellt die Lösung für die Stromverteilung j_1 in komplexer Form dar. Die reelle Lösung für sinusförmige Erregung ist der Imaginärteil dieses komplexen Ausdrucks. Dabei ist wieder, wie bei den Magnetfeldkomponenten, der komplexe Faktor $e^{i\omega t} = \cos\omega t + i\sin\omega t$ der harmonischen Zeitfunktion des Dipols bei der Trennung in Real- und Imaginärteil mit zu berücksichtigen. Durch die Trennung der modifizierten BESSEL - und HANKEL-Funktionen treten auch hier wiederum KELVIN-Funktionen bis zur 1. Ordnung auf (vgl. Anhang I). Man erhält als reelle Lösung für die Stromdichte im leitenden Halbraum:

$$J_1 = \frac{p_m}{2\pi\mu r^4} \Bigg\{ \frac{\rho}{r} e^{-\frac{1}{\sqrt{2}}\sqrt{\sigma\mu\omega}\, r} \Bigg[\left(\sigma\mu\omega(\rho^2 - 5z^2) - \frac{1}{\sqrt{2}}(\sigma\mu\omega)^{3/2} rz^2 + \frac{1}{\sqrt{2}}\sqrt{\sigma\mu\omega}\, \frac{3\rho^2 - 12z^2}{r} \right) \cos\frac{r}{\sqrt{2}}\sqrt{\sigma\mu\omega}$$

$$- \left(\frac{3\rho^2 - 12z^2}{r^2} + \frac{1}{\sqrt{2}}(\sigma\mu\omega)^{3/2} rz^2 + \frac{1}{\sqrt{2}}\sqrt{\sigma\mu\omega}\, \frac{3\rho^2 - 12z^2}{r} \right) \sin\frac{1}{\sqrt{2}}\sqrt{\sigma\mu\omega}\, r \Bigg] \tag{9}$$

$$+ \frac{\pi}{4} \Big[(\text{her}_1 \text{ber}_1 - \text{hei}_1 \text{bei}_1)(\sigma\mu\omega)^2 z\rho^3 - (\text{hei}_1 \text{ber}_1 + \text{her}_1 \text{bei}_1)\sigma\mu\omega\, \frac{2\rho z^3 - 13z\rho^3}{r^2}$$

$$- (\text{ber hei} - \text{bei hei})(\sigma\mu\omega)^2 z\rho^3 - (\text{ber hei} + \text{bei her})\sigma\mu\omega\, \frac{3z\rho^3 - 12z^3\rho}{r^2} \Big]$$

$$+ \frac{\pi}{4\sqrt{2}} \Big[(\text{bei her}_1 + \text{ber hei}_1)\left(\sqrt{\sigma\mu\omega}\left(-\frac{12z^4\rho + 9z^2\rho^3 - 3\rho^5}{r^4} + \frac{12\rho z^3 - 3\rho^3 z}{r^3} \right) \right.$$

$$\left. + (\sigma\mu\omega)^{3/2}\left(\frac{4z\rho^3 - 2z^3\rho}{r} + z^2\rho \right) \right)$$

$$+ (\text{ber her}_1 - \text{bei hei}_1)\left(\sqrt{\sigma\mu\omega}\left(-\frac{12z^4\rho + 9z^2\rho^3 - 3\rho^5}{r^4} + \frac{12\rho z^3 - 3\rho^3 z}{r^3} \right) \right.$$

$$\left. - (\sigma\mu\omega)^{3/2}\left(\frac{4z\rho^3 - 2z^3\rho}{r} + z^2\rho \right) \right)$$

$$+ (\text{bei}_1 \text{her} + \text{ber}_1 \text{hei})\left(\sqrt{\sigma\mu\omega}\left(\frac{12z^4\rho + 9z^2\rho^3 - 3\rho^5}{r^4} + \frac{12\rho z^3 - 3\rho^3 z}{r^3} \right) \right.$$

$$\left. - (\sigma\mu\omega)^{3/2}\left(\frac{-4z\rho^3 + 2z^3\rho}{r} + z^2\rho \right) \right)$$

$$+ (\text{ber}_1 \text{her} - \text{bei}_1 \text{hei})\left(\sqrt{\sigma\mu\omega}\left(\frac{12z^4\rho + 9z^2\rho^3 - 3\rho^5}{r^4} + \frac{12\rho z^3 - 3\rho^3 z}{r^3} \right) \right.$$

$$\left. + (\sigma\mu\omega)^{3/2}\left(\frac{-4z\rho^3 + 2z^3\rho}{r} + z^2\rho \right) \right) \Big] \Bigg\} \cos\omega t$$

$$+ \frac{p_m}{2\pi\mu r^4} \Bigg\{ \frac{\rho}{r} e^{-\frac{1}{\sqrt{2}}\sqrt{\sigma\mu\omega}\, r} \Bigg[\left(\frac{3\rho^2 - 12z^2}{r^2} + \frac{1}{\sqrt{2}}(\sigma\mu\omega)^{3/2} rz^2 + \frac{1}{\sqrt{2}}\sqrt{\sigma\mu\omega}\, \frac{3\rho^2 - 12z^2}{r} \right) \cos\frac{r}{\sqrt{2}}\sqrt{\sigma\mu\omega}$$

$$+ \left(\sigma\mu\omega(\rho^2 - 5z^2) - \frac{1}{\sqrt{2}}(\sigma\mu\omega)^{3/2} rz^2 + \frac{1}{\sqrt{2}}\sqrt{\sigma\mu\omega}\, \frac{3\rho^2 - 12z^2}{r} \right) \sin\frac{r}{\sqrt{2}}\sqrt{\sigma\mu\omega} \Bigg]$$

$$+ \frac{\pi}{4} \Big[(\text{ber hei} + \text{bei her})(\sigma\mu\omega)^2 z\rho^3 - (\text{ber her} - \text{bei hei})\sigma\mu\omega\, \frac{3z\rho^3 - 12z^3\rho}{r^2}$$

$$- (\text{ber}_1 \text{hei}_1 + \text{bei}_1 \text{her}_1)(\sigma\mu\omega)^2 z\rho^3 - (\text{ber}_1 \text{her}_1 - \text{bei}_1 \text{hei}_1)\sigma\mu\omega\, \frac{2\rho z^3 - 13z\rho^3}{r^2} \Big]$$

$$+ \frac{\pi}{4\sqrt{2}} \Big[(\text{ber her}_1 - \text{bei hei}_1)\left(\sqrt{\sigma\mu\omega}\left(-\frac{12z^4\rho + 9z^2\rho^3 - 3\rho^5}{r^4} + \frac{12\rho z^3 - 3\rho^3 z}{r^3} \right) \right.$$

$$\left. + (\sigma\mu\omega)^{3/2}\left(\frac{4z\rho^3 - 2z^3\rho}{r} + z^2\rho \right) \right)$$

$$+ (bei\, her_1 + ber\, hei_1) \left(\sqrt{\sigma\mu\omega} \left(\frac{12z^4\rho + 9z^2\rho^3 - 3\rho^5}{r^4} - \frac{12\rho z^3 - 3\rho^3 z}{r^3} \right) + \right.$$

$$\left. + (\sigma\mu\omega)^{3/2} \left(\frac{4z\rho^3 - 2z^3\rho}{r} + z^2\rho \right) \right) +$$

$$+ (ber_1\, her - bei_1\, hei) \left(\sqrt{\sigma\mu\omega} \left(\frac{12z^4\rho + 9z^2\rho^3 - 3\rho^5}{r^4} + \frac{12\rho z^3 - 3\rho^3 z}{r^3} \right) - \right.$$

$$\left. - (\sigma\mu\omega)^{3/2} \left(-\frac{4z\rho^3 - 2z^3\rho}{r} + z^2\rho \right) \right) +$$

$$+ (bei_1\, her + ber_1\, hei) \left(\sqrt{\sigma\mu\omega} \left(-\frac{12z^4\rho + 9z^2\rho^3 - 3\rho^5}{r^4} - \frac{12\rho z^3 - 3\rho^3 z}{r^3} \right) - \right.$$

$$\left. \left. - (\sigma\mu\omega)^{3/2} \left(-\frac{4z\rho^3 - 2z^3\rho}{r} + z^2\rho \right) \right) \right] \bigg\} \sin\omega t \, .$$

Darin sind sowohl die Argumente der Funktionen ber, bei, ber_1, bei_1 ($\frac{1}{2}\sqrt{\sigma\mu\omega}(r+z)$) als auch die Argumente der Funktionen her, hei, her_1, hei_1 ($\frac{1}{2}\sqrt{\sigma\mu\omega}(r-z)$) der besseren Übersicht wegen wieder jeweils fortgelassen worden.

Die Materialkonstanten σ und μ sowie die Frequenz ω des Dipols treten auch hier wieder in der gleichen Form wie beim Magnetfeld und in Verbindung mit einer Größe von der Dimension einer Länge auf, so daß es wiederum zweckmäßig ist, den Entfernungen in horizontaler, vertikaler sowie in beliebiger Richtung dimensionslose numerische Werte zuzuordnen der Gestalt

$$\left. \begin{array}{l} \sqrt{\sigma\mu\omega}\,\rho = R_\rho \, , \\ \sqrt{\sigma\mu\omega}\,z = R_z \, , \\ \sqrt{\sigma\mu\omega}\,r = R_r \, . \end{array} \right\} \quad (10)$$

Mit diesen "numerischen Entfernungen" lassen sich die Induktionsströme im gesamten Halbraum in ähnlicher Weise darstellen wie das Magnetfeld an der Oberfläche. Ihre räumliche Verteilung und jeweilige Phase wird - abgesehen von einem Amplitudenfaktor mit der Dimension einer Stromdichte - vollständig beschrieben durch zwei dimensionslose Funktionen C_j^{cos} und C_j^{sin} in der Form

$$j_1 = j_p\, C_j^{cos} \cos\omega t + j_p\, C_j^{sin} \sin\omega t \, . \quad (11)$$

Der Amplitudenfaktor

$$j_p = \frac{p_m}{4\pi\mu r^4} \quad (12)$$

wird bestimmt durch das Dipolmoment p_m und nimmt ab mit der 4. Potenz des wahren Abstandes r vom Dipol. Die Induktionsfunktionen C_j^{cos} und C_j^{sin} sind reine Ortsfunktionen im Halbraum mit den "numerischen Koordinaten" R_ρ und R_z. Sie lauten nach Gleichung (9):

$$C_j^{\cos} = 2\left[\left(R_\rho^2 - 5R_z^2 - \frac{1}{\sqrt{2}} R_r R_z^2 + \frac{1}{\sqrt{2}} \frac{3R_\rho^2 - 12R_z^2}{R_r}\right) \cos \frac{1}{\sqrt{2}} R_r \right.$$
$$\left. - \left(\frac{3R_\rho^2 - 12R_z^2}{R_r^2} + \frac{1}{\sqrt{2}} R_r R_z^2 + \frac{1}{\sqrt{2}} \frac{3R_\rho^2 - 12R_z^2}{R_r}\right) \sin \frac{1}{\sqrt{2}} R_r \right] \frac{R_\rho}{R_r} e^{-\frac{1}{\sqrt{2}} R_r} +$$
$$+ \frac{\pi}{2}\left[(ber_1 \, her_1 - bei_1 \, hei_1) R_z R_\rho^3 + (ber_1 \, hei_1 + bei_1 \, her_1) \frac{-2R_\rho R_z^3 + 13R_z R_\rho^3}{R_r^2} \right.$$
$$\left. + (ber \, hei + bei \, her) \frac{-3R_z R_\rho^3 + 12R_z^3 R_\rho}{R_r^2} + (bei \, hei - ber \, her) R_z R_\rho^3 \right] +$$
$$+ \frac{\pi}{2\sqrt{2}}\left[(bei \, her_1 + ber \, hei_1)\left(-\frac{12R_z^4 R_\rho + 9R_z^2 R_\rho^3 - 3R_\rho^5}{R_r^4} + \frac{12R_\rho R_z^3 - 3R_\rho^3 R_z}{R_r^3} \right.\right.$$
$$\left.\left. + \frac{4R_z R_\rho^3 - 2R_z^3 R_\rho}{R_r} + R_z^2 R_\rho \right) \right.$$
$$+ (ber \, her_1 - bei \, hei_1)\left(-\frac{12R_z^4 R_\rho + 9R_z^2 R_\rho^3 - 3R_\rho^5}{R_r^4} + \frac{12R_\rho R_z^3 - 3R_\rho^3 R_z}{R_r^3} \right.$$
$$\left. - \frac{4R_z R_\rho^3 - 2R_z^3 R_\rho}{R_r} - R_z^2 R_\rho \right)$$
$$+ (bei_1 \, her + ber_1 \, hei)\left(\frac{12R_z^4 R_\rho + 9R_z^2 R_\rho^3 - 3R_\rho^5}{R_r^4} + \frac{12R_\rho R_z^3 - 3R_\rho^3 R_z}{R_r^3} \right.$$
$$\left. + \frac{4R_z R_\rho^3 - 2R_z^3 R_\rho}{R_r} - R_z^2 R_\rho \right)$$
$$+ (ber_1 \, her - bei_1 \, hei)\left(\frac{12R_z^4 R_\rho + 9R_z^2 R_\rho^3 - 3R_\rho^5}{R_r^4} + \frac{12R_\rho R_z^3 - 3R_\rho^3 R_z}{R_r^3} \right.$$
$$\left.\left. - \frac{4R_z R_\rho^3 - 2R_z^3 R_\rho}{R_r} + R_z^2 R_\rho \right)\right]. \tag{13}$$

$$C_j^{\sin} = 2\left[\left(\frac{3R_\rho^2 - 12R_z^2}{R_r^2} + \frac{1}{\sqrt{2}} R_r R_z^2 + \frac{1}{\sqrt{2}} \frac{3R_\rho^2 - 12R_z^2}{R_r}\right) \cos \frac{1}{\sqrt{2}} R_r \right.$$
$$\left. + \left(R_\rho^2 - 5R_z^2 - \frac{1}{\sqrt{2}} R_r R_z^2 + \frac{1}{\sqrt{2}} \frac{3R_\rho^2 - 12R_z^2}{R_r}\right) \sin \frac{1}{\sqrt{2}} R_r \right] \frac{R_\rho}{R_r} e^{-\frac{1}{\sqrt{2}} R_r} +$$
$$+ \frac{\pi}{2}\left[(ber \, hei + bei \, her) R_z R_\rho^3 - (bei \, hei - ber \, her) \frac{-3R_z R_\rho^3 + 12R_z^3 R_\rho}{R_r^2} \right.$$
$$\left. - (hei_1 \, ber_1 + her_1 \, bei_1) R_z R_\rho^3 + (her_1 \, ber_1 - hei_1 \, bei_1) \frac{-2R_\rho R_z^3 + 12R_z R_\rho^3}{R^3}\right] + \tag{14}$$

$$+ \frac{\pi}{2\sqrt{2}} \Bigl[(\text{ber her}_1 - \text{bei hei}_1) \Bigl(-\frac{12R_z^4 R_\rho + 9R_z^2 R_\rho^3 - 3R_\rho^5}{R_r^4} + \frac{12R_\rho R_z^3 - 3R_\rho^3 R_z}{R_r^3} +$$

$$+ \frac{4R_z R_\rho^3 - 2R_z^3 R_\rho}{R_r} + R_z^2 R_\rho \Bigr) +$$

$$+ (\text{bei her}_1 + \text{ber hei}_1) \Bigl(\frac{12R_z^4 R_\rho + 9R_z^2 R_\rho^3 - 3R_\rho^5}{R_r^4} - \frac{12R_\rho R_z^3 - 3R_\rho^3 R_z}{R_r^3} +$$

$$+ \frac{4R_z R_\rho^3 - 2R_z^3 R_\rho}{R_r} + R_z^2 R_\rho \Bigr) +$$

$$+ (\text{ber}_1 \text{her} - \text{bei}_1 \text{hei}) \Bigl(\frac{12R_z^4 R_\rho + 9R_z^2 R_\rho^3 - 3R_\rho^5}{R_r^4} + \frac{12R_\rho R_z^3 - 3R_\rho^3 R_z}{R_r^3} +$$

$$+ \frac{4R_z R_\rho^3 - 2R_z^3 R_\rho}{R_r} - R_z^2 R_\rho \Bigr) +$$

$$+ (\text{bei}_1 \text{her} + \text{ber}_1 \text{hei}) \Bigl(-\frac{12R_z^4 R_\rho + 9R_z^2 R_\rho^3 - 3R_\rho^5}{R_r^4} - \frac{12R_\rho R_z^3 - 3R_\rho^3 R_z}{R_r^3} +$$

$$+ \frac{4R_z R_\rho^3 - 2R_z^3 R_\rho}{R_r} - R_z^2 R_\rho \Bigr) \Bigr] .$$

Für den Spezialfall der Stromdichte an der Oberfläche des Halbraumes ($R_z = 0$) lassen sich diese Formeln wesentlich vereinfachen. Beachtet man, daß nach (10) bei $R_z = 0$ gilt

$$R_r \equiv R_\rho \qquad , \qquad (15)$$

so folgt aus (13) und (14) für die Induktionsfunktionen an der Halbraumoberfläche:

$$C_j^{\cos} = 2 \Bigl[(R_\rho^2 + \frac{3}{\sqrt{2}} R_\rho) \cos \frac{1}{\sqrt{2}} R_\rho - (3 + \frac{3}{\sqrt{2}} R_\rho) \sin \frac{R_\rho}{\sqrt{2}} \Bigr] e^{-\frac{R_\rho}{\sqrt{2}}} + \qquad (16)$$

$$+ \frac{3\pi}{2\sqrt{2}} R_\rho \Bigl[\text{bei her}_1 + \text{ber hei}_1 + \text{ber her}_1 - \text{bei hei}_1 - \text{bei}_1 \text{her} - \text{ber}_1 \text{hei} - \text{ber}_1 \text{her} + \text{bei}_1 \text{hei} \Bigr],$$

$$C_j^{\sin} = 2 \Bigl[(3 + \frac{3}{\sqrt{2}} R_\rho) \cos \frac{1}{\sqrt{2}} R_\rho + (R_\rho^2 + \frac{3}{\sqrt{2}} R_\rho) \sin \frac{R_\rho}{\sqrt{2}} \Bigr] e^{-\frac{R_\rho}{\sqrt{2}}} + \qquad (17)$$

$$+ \frac{3\pi}{2\sqrt{2}} R_\rho \Bigl[\text{ber her}_1 - \text{bei hei}_1 - \text{bei her} - \text{ber hei}_1 - \text{ber}_1 \text{her} + \text{bei}_1 \text{hei} + \text{bei}_1 \text{her} + \text{ber}_1 \text{hei} \Bigr] .$$

Die Argumente aller auftretenden KELVIN-Funktionen sind jetzt ($\frac{1}{2} R_\rho$). Damit können die "WRONSKIschen Beziehungen für KELVIN-Funktionen" angewandt werden (Anhang I (26) mit $z = \frac{1}{2} R_\rho$, $p = 0$), die in den Formeln (16) und (17) gerade den Fortfall sämtlicher KELVIN-Funktionen bewirken.

Es ergibt sich für die Induktionsfunktionen der Stromdichte bei $R_z = 0$:

$$C_j^{\cos} = 2\left[(R_\rho^2 + \frac{3}{\sqrt{2}} R_\rho) \cos \frac{1}{\sqrt{2}} R_\rho - (3 + \frac{3}{\sqrt{2}} R_\rho) \sin \frac{1}{\sqrt{2}} R_\rho\right] e^{-\frac{1}{\sqrt{2}} R_\rho} \quad . \tag{18}$$

$$C_j^{\sin} = 2\left[(3 + \frac{3}{\sqrt{2}} R_\rho) \cos \frac{1}{\sqrt{2}} R_\rho + (R_\rho^2 + \frac{3}{\sqrt{2}} R_\rho) \sin \frac{1}{\sqrt{2}} R_\rho\right] e^{-\frac{1}{\sqrt{2}} R_\rho} - 6 \quad . \tag{19}$$

Da die Variablen ρ und z voneinander unabhängig sind, erhält man diese Ausdrücke auch direkt durch Differenzieren des speziellen Wertes (8.6) für das Vektorpotential F_1 bei $z = 0$ nach der Variablen ρ. Nach Einführung der "numerischen Entfernung" $R_\rho = \sqrt{\sigma\mu\omega}\,\rho$ ergibt sich die Lösung wieder in der Form (18), (19). Die Übereinstimmung der Ausdrücke (18), (19) mit der auf diese Weise erhaltenen direkten Lösung für $R_z = 0$ kann als eine notwendige Bedingung, allerdings nicht hinreichende Kontrolle, für die Richtigkeit der durchgeführten Ableitungen angesehen werden.

Im allgemeinen Fall nicht verschwindenden Wertes von R_z beschreiben die Induktionsfunktionen $C_j^{\cos}$ und $C_j^{\sin}$ der Stromdichte im gesamten Halbraum nach (13) und (14) als Funktionen von zwei unabhängigen Variablen (R_ρ, R_z) eine Fläche im dreidimensionalen Raum. (Von der dritten unabhängigen Variablen besteht infolge der Rotationssymmetrie keine Abhängigkeit.) Eine ebene Darstellung kann jeweils nur Schnitte dieser Fläche zeigen, etwa mit Ebenen senkrecht zur R_z- oder R_ρ-Achse. Entsprechend erhält man in beiden Fällen Kurvenscharen, aufgetragen über R_ρ und mit R_z als Parameter oder umgekehrt. In Abb. 10 ist der erste Fall gewählt, also eine Auftragung von $C_j^{\cos}$ und $C_j^{\sin}$ über R_ρ mit R_z als Parameter der beiden Kurvenscharen. Bei konstanten Werten σ, μ und ω ist R_ρ nach (16) ein lineares Maß für den Abstand von der Achse des Dipolmomentes, R_z ein solches für die Tiefe im Halbraum.

Für mittlere Werte ($\sigma = 10^{-2}\,\Omega^{-1}\,m^{-1}$, $\mu = 10^{-6}\,V\,sec/A\,m$, $\omega = 10^2\,sec^{-1}$) entspricht - wie beim Magnetfeld - R_ρ bzw. $R_z = 1$ einem Abstand ρ bzw. $z = 10^3$ m von der Dipolachse bzw. der Oberfläche des Halbraumes. Änderungen der Leitfähigkeit σ des Halbraumes sind dabei wiederum gleichbedeutend mit solchen der Frequenz ω.

Berechnet sind die Kurven für die Werte $R_z = 0, -1, -2, -4, -6$. R_ρ läuft von 0 bis 14 und umfaßt den für diese Werte von R_z interessanten Bereich. Für große R_ρ (etwa $R_\rho > 14$) verlaufen alle Kurven annähernd parallel zur Abszisse und streben für $R_\rho \to \infty$ gegen konstante Werte. Für größere negative Parameter R_z als die gezeichneten werden die Extremwerte der Kurven immer schwächer ausgeprägt, bis diese selbst für $R_z = -\infty$ mit der Abszisse zusammenfallen.

Aus den Kurven der Abb. 10 läßt sich bei bekannter Leitfähigkeit σ und Permeabilität μ des Halbraumes die Stromdichte j_1 in speziellen Tiefen z bestimmen, und zwar bei gegebener Frequenz ω des Dipols für jeden Abstand ρ von der Dipolachse oder bei festem Abstand ρ für jede Frequenz ω.

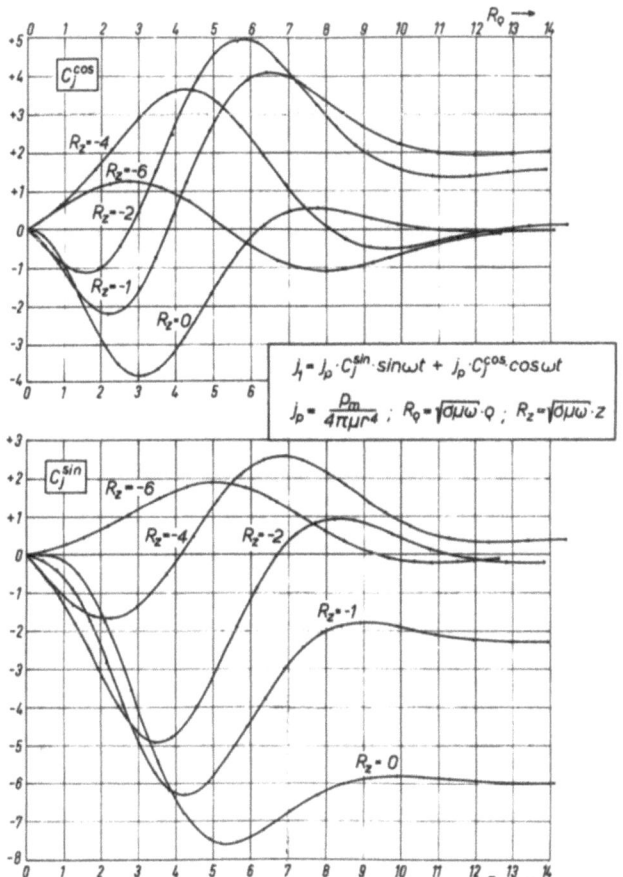

Abb. 10 : Induktionsfunktionen für die durch einen vertikalen magnetischen Dipol an der Oberfläche eines leitenden, homogenen Halbraumes in seinem Innern induzierten elektrischen Ströme.

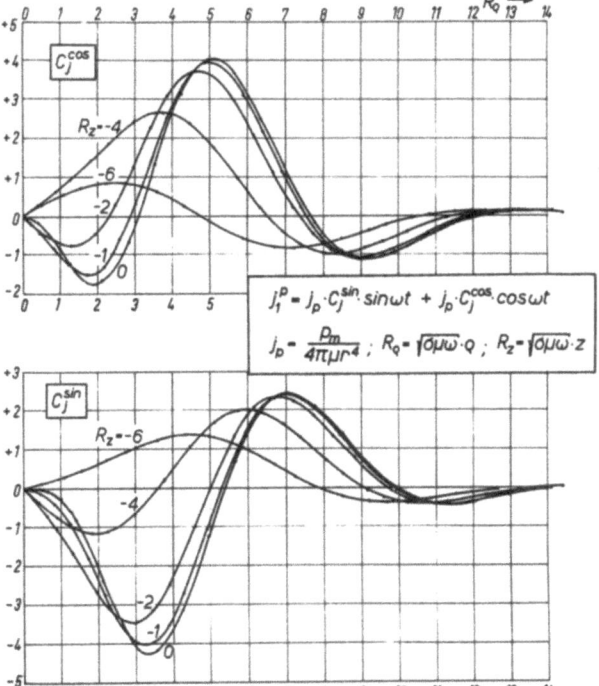

Abb. 11 : Induktionsfunktionen für die durch einen vertikalen magnetischen Dipol im leitenden, homogenen Vollraum induzierten elektrischen Ströme.

b) Die primäre Stromverteilung

Die Induktionsfunktionen der Stromdichte j_1 beschreiben die Wirkung des gesamten leitenden Halbraumes auf die Stromverteilung in seinem Innern. Der Einfluß der Oberfläche speziell läßt sich erkennen durch Vergleich mit der Stromverteilung in einem homogenen Vollraum ohne Grenzfläche. Bei der Darstellung des Magnetfeldes ist ein solcher Vergleichsraum das Vakuum, in dem das Feld gerade durch den dort auftretenden Amplitudenfaktor Z_p beschrieben wird. Für die Induktionsströme, die dann sämtlich verschwinden, ist ein solcher Vergleich mit dem Vakuum nicht sinnvoll. Das Magnetfeld im Vakuum ist aber nach der Definition der primären und sekundären Erregung in einem Halbraum (§ 6 a) und den Spezialisierungen des § 7 gerade der Grenzwert des primären Magnetfeldes im oberen Halbraum $z > 0$ (Vakuum) für $z \to 0$. Es liegt deshalb nahe, das Feld der Induktionsströme im unteren Halbraum auch zu vergleichen mit dem primären Stromfeld im unteren Halbraum, nämlich dem Feld der Induktionsströme im homogenen Vollraum mit den gleichen Konstanten σ und μ. Es wird berechnet aus dem elektrischen Vektorpotential

$$f_1^p = \frac{i\omega}{4\pi r} p_m e^{-\gamma r} \tag{20}$$

für die primäre Erregung im unteren Halbraum in analoger Weise nach (1).

Als komplexe Lösung für die primäre Stromdichte ergibt sich

$$j_1^p = \frac{p_m}{4\pi \mu r^4} e^{-\gamma r} \left[-\gamma^2 \rho r (\gamma r + 1) \right] \tag{21}$$

Reelle Lösung für sinusförmige Erregung des Dipols ist wieder der Imaginärteil. Mit den gleichen "numerischen Entfernungen" R_ρ, R_z und R_r der Gestalt (10) erhält man

$$j_1^p = \frac{p_m}{4\pi \mu r^4} \left\{ \left[\frac{1}{\sqrt{2}} R_r^2 R_\rho \cos \frac{1}{\sqrt{2}} R_r - R_\rho R_r \left(\frac{1}{\sqrt{2}} R_r + 1\right) \sin \frac{1}{\sqrt{2}} R_r \right] e^{-\frac{R_r}{\sqrt{2}}} \sin \omega t + \right.$$
$$\left. + \left[-R_\rho R_r \left(\frac{1}{\sqrt{2}} R_r + 1\right) \cos \frac{1}{\sqrt{2}} R_r - \frac{1}{\sqrt{2}} R_r^2 R_\rho \sin \frac{1}{\sqrt{2}} R_r \right] e^{-\frac{R_r}{\sqrt{2}}} \cos \omega t \right\}. \tag{22}$$

Damit läßt sich die primäre Stromdichte im unteren Halbraum in der gleichen Form schreiben wie die Dichte der gesamten Induktionsströme:

$$j_1^p = j_p C_j^{\cos} \cos \omega t + j_p C_j^{\sin} \sin \omega t \tag{23}$$

mit

$$j_p = \frac{p_m}{4\pi \mu r^4} \tag{24}$$

Die Induktionsfunktionen $C_j^{\cos}$ und $C_j^{\sin}$ haben dabei allerdings wesentlich einfacheres Aussehen:

$$C_j^{\cos} = \left[-R_\rho R_r \left(\frac{1}{\sqrt{2}} R_r + 1\right) \cos \frac{1}{\sqrt{2}} R_r - \frac{1}{\sqrt{2}} R_r^2 R_\rho \sin \frac{1}{\sqrt{2}} R_r \right] e^{-\frac{1}{\sqrt{2}} R_r} , \tag{25}$$

$$C_j^{sin} = \left[\frac{1}{\sqrt{2}} R_r^2 R_\rho \cos \frac{1}{\sqrt{2}} R_r - R_\rho R_r \left(\frac{1}{\sqrt{2}} R_r + 1 \right) \sin \frac{1}{\sqrt{2}} R_r \right] e^{-\frac{1}{\sqrt{2}} R_r} . \quad (26)$$

Die gesamte Stromdichte j_1 setzt sich gemäß (6.1) additiv zusammen aus der primären und der sekundären Stromdichte:

$$j_1 = j_1^p + j_1^s . \quad (27)$$

Man erhält die den Einfluß der Grenzfläche angebende sekundäre Stromdichte somit durch Differenzbildung der gesamten und der primären Stromdichte. Da aber der Amplitudenfaktor j_p, der sich bei der primären Stromdichte j_1^p viel natürlicher ergeben hat als bei der gesamten Stromdichte j_1, in beiden Fällen zahlen- und dimensionsmäßig der gleiche ist, ist bereits ein Vergleich der entsprechenden Induktionsfunktionen C_j^{cos} und C_j^{sin} möglich. Ihr Unterschied zeigt direkt den Einfluß der Oberfläche des Halbraumes auf das Feld der gesamten Induktionsströme.

Abb. 11 zeigt die Induktionsfunktionen der primären Stromdichte im unteren Halbraum, also der Stromdichte, im Vollraum mit gleichen Konstanten, für die gleichen Werte des Parameters R_z. Sie sind aufgetragen im gleichen Maßstab und für den gleichen Bereich der "numerischen Entfernung" R_ρ wie diejenigen der gesamten Stromdichte im Halbraum. Für $R_\rho < 1$ stimmen sie noch recht gut mit diesen überein, ihr Unterschied wird mit wachsendem R_ρ dann aber zunächst größer. Das bedeutet einen zunehmenden Einfluß der Grenzfläche auf die Stromverteilung im Halbraum mit wachsendem Abstand von der Dipolachse. Die Beträge der Induktionsfunktionen im Vollraum sind für diese speziellen Werte von R_z sämtlich kleiner als im Halbraum, ihre Abweichungen werden jedoch mit zunehmender Tiefe geringer. Im Vollraum verschwinden sie sämtlich für $R_\rho \to \infty$, während sie im Halbraum gegen konstante Werte streben. Die Unterschiede im Verhalten der Induktionsfunktionen für die Stromdichte im Halb- und im Vollraum kennzeichnen den Skineffekt an der Oberfläche des Halbraumes.

c) Getrennte Darstellung der Phasen und Amplituden

Da die Induktionsströme nur ein φ-Komponente besitzen, ist für sie im Gegensatz zum Magnetfeld neben der Darstellung der Sinus- und Kosinusphasen, unter Einbeziehung der Amplituden, auch eine getrennte Darstellung der Phasen und Amplituden möglich. Sie läßt weitere quantitative Aussagen über die Stromverteilung erwarten.

Die Stromdichte der Induktionsströme im Halbraum läßt sich schreiben in der Form

$$j_1 = j_p C_j \sin(\omega t + \varepsilon_j) , \quad (28)$$

wobei der Amplitudenfaktor j_p wiederum die Gestalt hat

$$j_p = \frac{p_m}{4\pi \mu r^4} . \quad (29)$$

Der Zusammenhang mit der ersten Darstellung wird gegeben durch die Beziehungen

$$\varepsilon_j = \text{arc tg} \frac{C_j^{\cos}}{C_j^{\sin}} \quad , \quad (30)$$

$$C_j = \sqrt{(C_j^{\cos})^2 + (C_j^{\sin})^2} \quad . \quad (31)$$

Die Bilder der Funktionen ε_j und C_j werden nach einem Vorschlag von KERTZ [36] als Phasen- und Amplitudeninduktionskurven bezeichnet. Einzelwerte von ε_j stellen die Phasen selbst - genauer die Anfangsphasen - dar, solche von C_j dagegen nicht die Amplituden. Sie können als Amplitudeninduktionswerte bezeichnet werden und ergeben erst zusammen mit dem Faktor j_p die wirklichen Amplituden der Induktionsströme.

Die Phaseninduktionskurven für die Induktionsströme im Halb- und im Vollraum (Abb. 12, 13) sind ebenfalls wieder aufgetragen über R_ρ mit R_z als Parameter. Der Dipol habe die Anfangsphase $0°$. Da es sich bei der Phasendifferenz von Induktionsströmen gegenüber der erregenden Quelle in jedem Fall um eine Phasenverzögerung von mindestens $90°$ handelt, ist der mehrdeutige Ausdruck (30) für ε_j zunächst eingeschränkt durch die Bedingung

$$\varepsilon_j \leq -90° \quad . \quad (32)$$

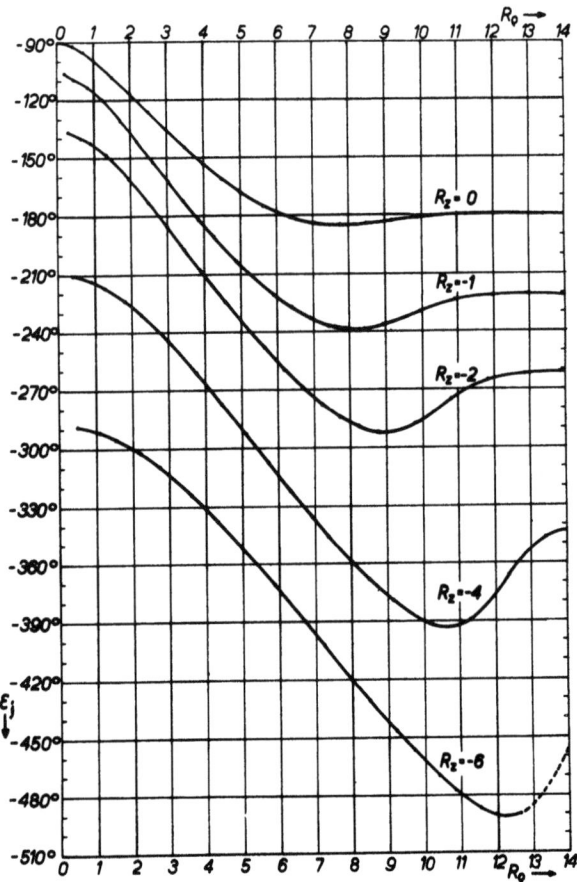

Abb. 12 : Phaseninduktionskurven für die Induktionsströme eines vertikalen magnetischen Dipols an der Oberfläche eines leitenden, homogenen Halbraumes

Zur genauen Bestimmung der Einzelwerte für ε_j wird die Stetigkeit der Phaseninduktionskurven an jeder Stelle gefordert. Dann nämlich läßt sich ebenfalls die gesamte Phasenänderung auf beliebigem Wege zwischen zwei Punkten des Raumes an der Ordinate ablesen. Absolut betrachtet sind natürlich die Phasen von Strömen, die sich um ein ganzes Vielfaches von 360° unterscheiden, einander gleich.

Die Phaseninduktionskurven für die Induktionsströme im Vollraum (Abb. 13) zeigen ein sehr einfaches Verhalten. Die Phasenverzögerung nimmt überall mit wachsendem R_ρ zu, für große R_ρ annähernd linear. Die Werte $R_\rho = 0$ wurden durch Reihenentwicklung der Induktionsfunktionen C_j^{cos} und C_j^{sin} berechnet.

Anders im Halbraum (Abb. 12): Hier nimmt die Phasenverzögerung zwar auch zunächst mit wachsendem R_ρ zu, erreicht dann aber ein bei größeren Werten von R_z immer ausgeprägteres und nach größeren Werten von R_ρ verschobenes Maximum. Für sehr große R_ρ schließlich bleibt die Phase nahezu konstant. Die Phasendifferenz zwischen erregendem Dipol und dem an der Oberfläche des Halbraumes ($R_z = 0$) beobachteten Strom beträgt dann 180°,

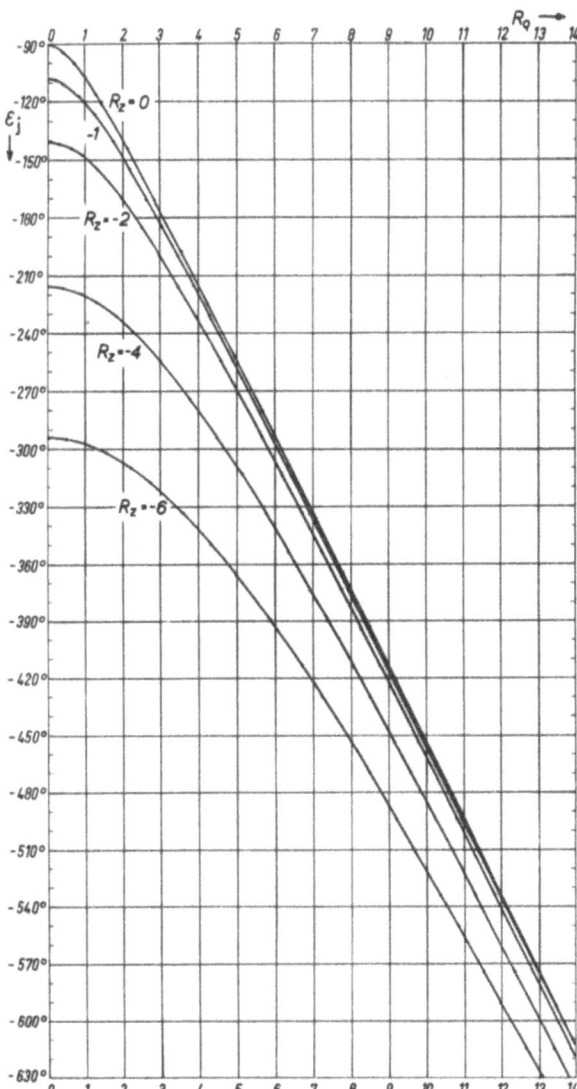

Abb. 13 : Phaseninduktionskurven für die Induktionsströme eines vertikalen magnetischen Dipols im leitenden, homogenen Vollraum.

im Gegensatz zur Phasendifferenz von nur 135° beim leitenden Zylinder im homogenen magnetischen Wechselfeld (KERTZ [36] S. 21).

Das Verhalten der Phaseninduktionskurven für die Induktionsströme im Halbraum zeigt im Vergleich mit denen des Vollraumes in recht bemerkenswerter Weise den überragenden Einfluß, den die Oberfläche des Halbraumes für große Entfernungen von der Dipolachse auf die Stromverteilung in seinem Innern besitzt. In dem Bereich konstanter Phase deutet offenbar nichts mehr direkt auf den Dipol als Quelle des Stromfeldes. Vielmehr wirkt die Oberfläche als scheinbare Quelle. Sie wird zum Ausgangsort von "Stromwellen" mit Flächen gleicher Phase, die sich analog einer "Temperaturwelle" mit abnehmender Amplitude und nicht notwendig konstanter Phasengeschwindigkeit in den Halbraum hinein ausbreiten. Sie sind rotationssymmetrisch zur Dipolachse.

Zur Veranschaulichung der "Stromwellen" im gesamten Halbraum zeigt Abb. 15 in einem Vertikalschnitt durch die Dipolachse die Linien gleicher Phase, zu Vergleichszwecken wiederum ebenfalls für den Vollraum. Sie sind gewonnen durch graphische Inter- und Extrapolation aus den Phaseninduktionskurven der Abb. 14. Die Abb. 15 zeigt deutlich, daß in dem oberflächennahen Teil des Halbraumes, bis etwa $R_z = -1$, der Einfluß der Grenzfläche bereits für etwa $R_\rho > 8$ überwiegt, für größere Beträge von R_z dagegen auch erst für größere Werte R_ρ. Gut zu erkennen sind die für große R_ρ direkt von der Oberfläche ausgehenden "Stromwellen", die sich von dort zunächst nahezu senkrecht in den Halbraum hinein ausbreiten. Die Fortpflanzungsrichtung ist senkrecht zu den Linien gleicher Phase. Die mittlere Phasengeschwindigkeit v wird dabei durch den numerischen Abstand R_r zweier solcher Linien gleicher Phase bestimmt nach

$$v = \frac{6}{\pi} \omega R_r = \frac{6}{\pi} \omega \sqrt{\sigma \mu \omega}\, r \qquad (33)$$

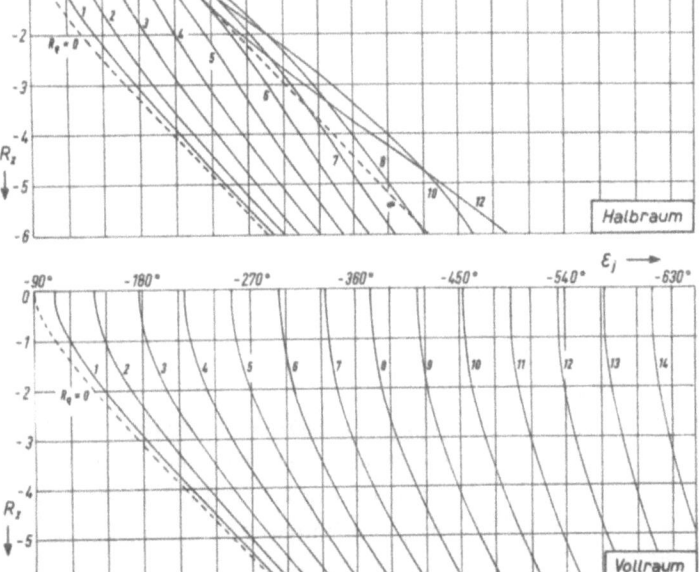

Abb. 14: Phaseninduktionskurven für die Induktionsströme eines vertikalen magnetischen Dipols über einem Halbraum sowie im Vollraum, aufgetragen in Abhängigkeit von R_z und mit R_ρ als Parameter.

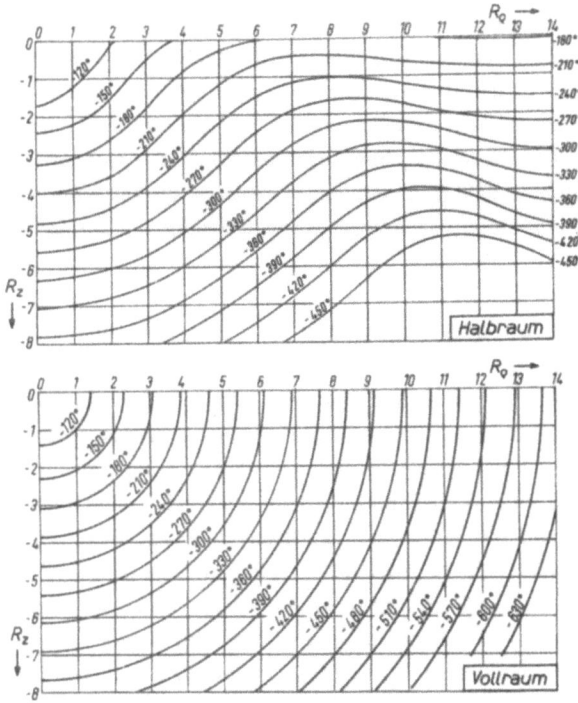

Abb. 15: Linien gleicher Phase der Induktionsströme im Halbraum und im Vollraum.

Mit den bereits früher benutzten mittleren Werten $\sigma = 10^{-2} \, \Omega^{-1} \, m^{-1}$, $\mu = 10^{-6}$ V sec/A m, $\omega = 10^2 \, sec^{-1}$ erhält man für die bei großen Werte R_ρ in den Halbraum eindringende "Stromwelle" eine Phasengeschwindigkeit von etwa 138 km/sec. Im Vollraum verlaufen die Linien gleicher Phase der Induktionsströme, wie der untere Teil der Abb. 15 zeigt, überall auf konzentrischen Kreisen um den Dipol. Die Wellen selbst breiten sich kugelsymmetrisch aus.

Die Betrachtung der Phasen der Induktionsströme hat Aufschluß gegeben über die zeitliche Änderung des Stromfeldes. Eine analoge Betrachtung der Amplituden zeigt die räumliche Verteilung der Induktionsströme nach ihren Beträgen.

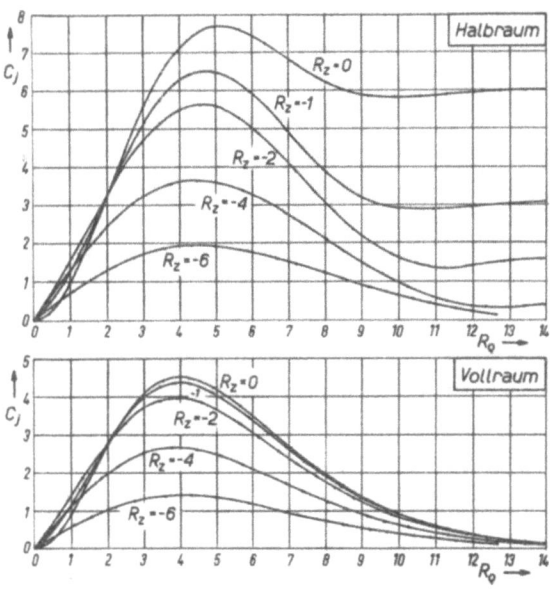

Abb. 16: Amplitudeninduktionskurven für die Induktionsströme eines vertikalen magnetischen Dipols über einem Halbraum sowie im Vollraum.

Die Abb. 16 zeigt die Amplitudeninduktionskurven für Halb- und Vollraum, wieder aufgetragen über R_ρ mit dem Parameter R_z. Die Ordinaten geben jeweils den Amplitudeninduktionswert C_j an. Für den gesamten dargestellten Bereich von R_z nehmen die Amplitudeninduktionswerte für den Halbraum wesentlich höhere Beträge an als für den Vollraum und streben für $R_\rho \to \infty$ gegen konstante Werte. Das bedeutet aber, daß nicht nur die wahren Amplituden der Induktionsströme in diesem Gebiet des Halbraumes wesentlich größer sind sondern ebenfalls ihre Abnahme mit wachsendem R_ρ von schwächerer Ordnung ist als im Vollraum.

Ein anschauliches Bild von der Verteilung der Induktionsströme und deren räumlicher Änderung erhält man, wenn man alle Punkte gleichen Amplitudeninduktionswertes im Raum miteinander verbindet. Die Schnittlinien der dadurch entstehenden Flächen, die ebenfalls rotationssymmetrisch zur Dipolachse sind, mit einer beliebigen Vertikalebene durch den Dipol zeigt Abb. 18 wiederum für Halb- und Vollraum. Sie sind gewonnen durch graphische Inter- und Extrapolation mit Hilfe der Amplitudeninduktionskurven in Abb. 17. Die Abb. 18 macht noch einmal deutlich, daß die wahren Stromamplituden für jeden dargestellten Wert von R_z im Halbraum überall größer, ihre Abnahme mit wachsendem Abstand ρ von der Dipolachse dagegen überall schwächer ist als im Vollraum. Sie erfolgt für große ρ in der Nähe der Oberfläche gemäß j_ρ ungefähr wie $1/r^4$. Für einen festen Abstand ρ von der Dipolachse ist allerdings die Abnahme der Stromamplitude mit wachsender Tiefe im Halbraum stärker als im Vollraum. Ihre Unterschiede werden dabei geringer, der Einfluß der Oberfläche also schwächer. Während aber in geringen Tiefen des Vollraumes sich die Stromamplitude nur sehr wenig ändert, nimmt im Halbraum die Amplitude der für große Entfernungen ρ scheinbar von der Oberfläche ausgehenden "Stromwelle" annähernd exponentiell mit der Tiefe ab.

Den konstanten Beträgen für Phase (-180°) und Amplitudeninduktionswert der Induktionsströme an der Halbraumoberfläche in großer Entfernung vom Dipol entspricht beim magnetischen Streufeld der Übergang zu immer schlankeren Feldellipsen und schließlich zur nahezu linear polarisierten vertikalen Schwingung mit konstanter Phase (-180°) und konstantem Amplitudeninduktionswert (Abb. 6).

d) Vektorielle Darstellung in der Periodenuhr

Die Darstellung der Induktionsströme nach Phase und Amplitudeninduktionswert läßt sich zusammenfassen in der vektoriellen Form einer Periodenuhr (BARTELS [22]). Trägt man nach rechts die Werte der Induktionsfunktion C_j^{sin} auf, nach oben diejenigen von C_j^{cos}, so stellt nach (30) und (31) der Abstand vom Nullpunkt gerade den Amplitudeninduktionswert C_j dar, das Azimut, gemessen von der rechten Halbachse, die Anfangsphase ε_j (Abb. 19). Die rechte Halbachse selbst gibt dabei die Phase (0°) des erregenden Dipols an. Im Unterschied zur üblichen Form der Periodenuhr sind aus den bereits genannten Gründen lediglich im Uhrzeigersinn negative Werte für die Phase aufgetragen.

Die ausgezogenen Kurven stellen die "Induktionskurven" für die jeweils festen Werte $R_z = 0, -1, -2, -4$ und -6 dar. Sie beschreiben das Verhalten der Induktionsströme in konstanter Tiefe mit wachsendem Abstand von der Dipolachse. Als Parameter auf ihnen läuft R_ρ von 0 bis ∞. Die Zunahme der Phasenverzögerung und des Amplitudeninduktionswertes mit wachsendem R_ρ, ihre anschließenden Maxima und ihre konstanten Werte für $R_\rho \to \infty$ kommen in dieser Darstellung zum Ausdruck.

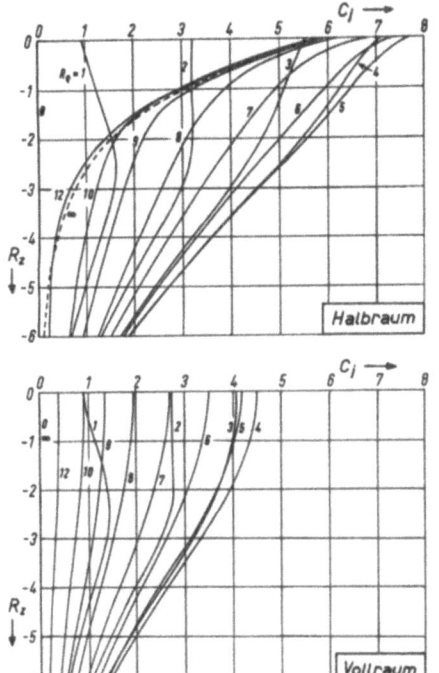 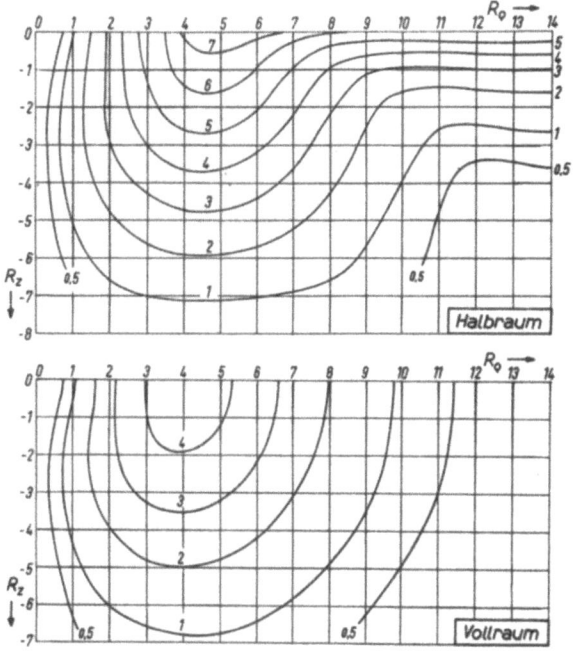

Abb. 17 : Amplitudeninduktionskurven für die Induktionsströme eines vertikalen magnetischen Dipols über einem Halbraum sowie im Vollraum, aufgetragen in Abhängigkeit von R_z und mit R_ρ als Parameter.

Abb. 18 : Linien gleichen Amplitudeninduktionswertes der Induktionsströme im Halbraum und im Vollraum.

Verbindet man für alle Kurven konstanten Wertes R_z die Punkte gleichen Parameters R_ρ, so erhält man die (gestrichelten) "Induktionskurven" für jeweils feste Werte R_ρ. Sie beschreiben das Verhalten der Induktionsströme in festem Abstand von der Dipolachse bis zur Tiefe, der $R_z = -6$ entspricht. Die Eigenschaften der für große Werte R_ρ von der Oberfläche des Halbraumes ausgehenden "Stromwelle" werden durch die punktierte Kurve bei $R_\rho = \infty$ beschrieben. Ihre Phasengeschwindigkeit wird - wie die zeitliche Änderung allgemein - beschrieben durch eine gleichförmige Drehung des Gradnetzes der Periodenuhr im Uhrzeigersinn mit der Frequenz ω des Dipols.

Die gleiche vektorielle Darstellung für die Induktionsströme im Vollraum (Abb. 20) läßt deutlich noch einmal die wesentlichen Unterschiede gegenüber dem Halbraum erkennen : die kleineren Amplituden im gesamten dargestellten Bereich von R_z und das Fehlen der konstanten Amplitudeninduktionswerte und Phasen für $R_\rho \to \infty$. Beide ändern sich mit wachsendem R_ρ im gleichen Sinne stetig weiter. Mit wachsendem R_z werden allerdings die Unterschiede gegenüber dem Halbraum immer geringer. Damit ist in den verschiedenen Erscheinungsformen des Skineffektes noch einmal zusammenhängend gezeigt, welchen wesentlichen Einfluß die Oberfläche des Halbraumes auf die Verteilung der gesamten Induktionsströme in seinem Innern besitzt.

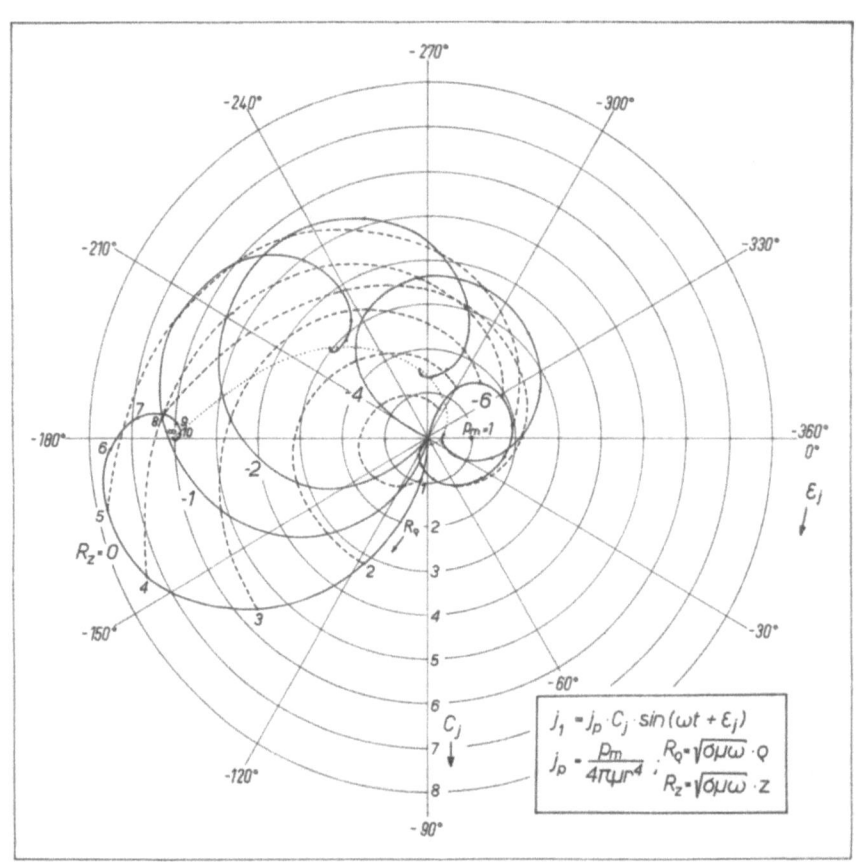

Abb. 19 : Periodenuhr für die Induktionsströme eines vertikalen magnetischen Dipols an der Oberfläche eines leitenden, homogenen Halbraumes.

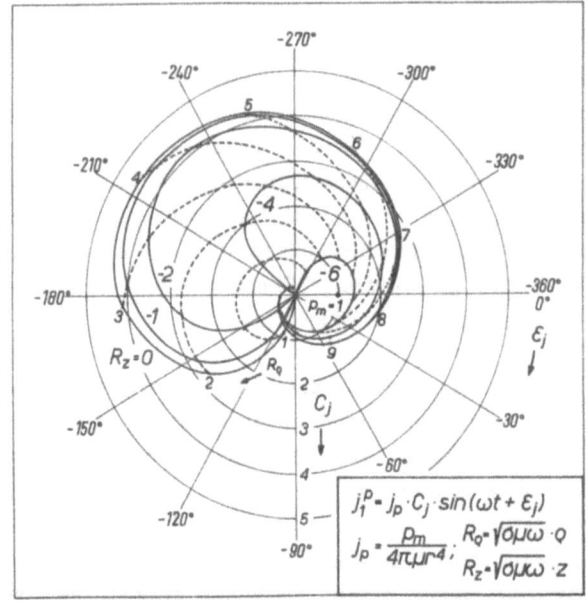

Abb. 20 : Periodenuhr für die Induktionsströme eines vertikalen magnetischen Dipols im leitenden, homogenen Vollraum.

III. Einheitssprung des Dipolmomentes

Das wichtigste mathematische Hilfsmittel zur Berechnung der Induktion bei unperiodischer Zeitfunktion des Dipols ist die LAPLACE-Transformation, deren Theorie und Anwendung ausführlich beschrieben sind bei DOETSCH [6, 7].[x] Eine Zusammenstellung der wichtigsten benutzten Korrespondenzen erfolgt in Anhang III.

§ 13. Die Lösungen im Bildraum der LAPLACE-Transformation

Die Gleichungen (8.9) und (9.10) stellen die Lösung für z- und ρ-Komponente des Magnetfeldes eines harmonisch oszillierenden Dipols an der Oberfläche des Halbraumes in komplexer Form dar. Die Zeitabhängigkeit wird explizit durch den zu ergänzenden Faktor $e^{i\omega t}$ gegeben, der im Laufe der Rechnung jeweils fortgelassen war und der sich noch jetzt durch einen entsprechenden Faktor für eine beliebige andere Zeitfunktion ersetzen läßt. Dem Einwand, daß die harmonische Zeitabhängigkeit bereits von Anfang an benutzt wurde, indem jede Ableitung einer Funktion nach der Zeit durch einen Faktor $i\omega$ ausgedrückt wurde und daß sie damit auch weiterhin implizit in den Lösungen (8.9) und (9.10) enthalten ist, kann man begegnen, indem man sich nachträglich alle Rechnungen im Bildraum der LAPLACE-Transformation ausgeführt denkt, wo sich jede Ableitung nach der Zeit ebenfalls durch einen reinen Faktor s ausdrückt (Differentiationssatz [7] S. 49). Wenn man also überall $i\omega$ durch s ersetzt und dann als Zeitfaktor die LAPLACE-Transformierte der Zeitfunktion hinzufügt – im Falle des Einheitssprunges $E(t)$ als Zeitfunktion (Abb. 21) dessen Bildfunktion $e(s) = 1/s$ – so erhält man die Lösungen im Bildraum der LAPLACE-Transformation, die dann mit den bekannten Operationen und tabellierten Korrespondenzen in den Originalraum rücktransformiert werden können.

Kennzeichnet man den Bildraum jeweils durch kleine Funktionsbuchstaben, so kann man z- und ρ-Komponente des Magnetfeldes bei $z = 0$ für den Einheitssprung des Dipolmomentes in der Form schreiben:

$$h_z^E(s) = \frac{p_m}{2\pi\mu\rho^3} \frac{1}{\gamma^2\rho^2}\left[(9 + 9\gamma\rho + 4\gamma^2\rho^2 + \gamma^3\rho^3)e^{-\gamma\rho} - 9\right]\frac{1}{s}, \qquad (1)$$

$$h_\rho^E(s) = \frac{p_m}{4\pi\mu\rho^3}\left[(-16 - \gamma^2\rho^2)I_1 K_1 + \gamma^2\rho^2 I_0 K_0 - 8\gamma\rho I_1 K_0 + 8\right]\frac{1}{s}, \qquad (2)$$

wobei γ^2 nach (7.5) jetzt gegeben ist durch

$$\gamma^2 = \sigma\mu s \qquad . \qquad (3)$$

Die Argumente der modifizierten BESSEL- und HANKEL-Funktionen I_0, I_1, K_0, K_1 sind jeweils wieder $(\frac{1}{2}\gamma\rho)$ und der Übersichtlichkeit halber fortgelassen worden. Der obere Index E am Funktionssymbol soll auf den Einheitssprung $E(t)$ als Zeitfunktion des Dipols hinweisen.

---

[x] Die hier verwandten Bezeichnungen und Symbole schließen sich im wesentlichen an diese Darstellungen an.

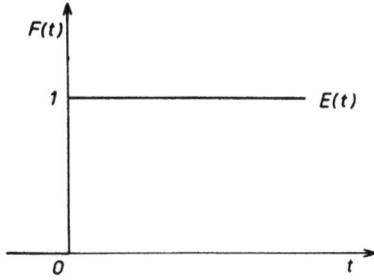

Abb. 21 : HEAVISIDEsche Einheitsfunktion oder Einheitssprung

$$E(t) = \begin{cases} 0 & \text{für } t < 0 \\ 1 & \text{für } t > 0 \end{cases}$$

Vor der Rücktransformation der Gleichungen (1) und (2) in den Originalraum sind jedoch noch einige Bemerkungen über die Anwendung des Differentiationssatzes der LAPLACE-Transformation zu machen. Er besagt, daß bei der Differentiation der Originalfunktionen die Bildfunktion nicht nur mit s zu multiplizieren ist, sondern das Produkt noch um den rechtsseitigen Grenzwert der Originalfunktion $F(+0) = \lim_{t \to +0} F(t)$ zu vermindern ist. Dieser Grenzwert verschwindet bei dem Einheitssprung aber keineswegs, sondern ist vielmehr gleich 1. Damit taucht die Frage auf, ob die Rechnungen des Kap. II in analoger Weise für den Einheitssprung als Zeitfunktion des Dipols gültig bleiben. Um diese Frage zu untersuchen, werden zunächst die MAXWELLschen Gleichungen in den Bildraum transformiert und der Ansatz (4.19, 20) für das Magnetfeld geprüft :

$$\operatorname{rot} \mathcal{E} = -\dot{\mathcal{B}} \quad \circ\!\!-\!\!\bullet \quad \operatorname{rot} \mathcal{n} = -s\, \mathcal{b}(s) + \mathcal{B}(+0) \quad , \quad (4)$$

$$\operatorname{rot} \mathcal{G} = \dot{\mathcal{V}} + \jmath \quad \circ\!\!-\!\!\bullet \quad \operatorname{rot} \mathcal{f} = (s\varepsilon + \sigma)\, \mathcal{n}(s) - \mathcal{V}(+0) \quad . \quad (5)$$

Die MAXWELLschen Gleichungen gelten in der speziellen Form allgemein wieder nur außerhalb der Quellen (vgl. § 4). Bei rein magnetischen Quellen gilt, wie früher, nur Gleichung (5) noch allgemein. Da in diesem Falle ebenfalls immer gilt

$$\operatorname{div} \mathcal{V} = \rho = 0 \quad , \quad (6)$$

insbesondere für $t = +0$, so folgt wieder aus (5) die allgemeine Gültigkeit von

$$\operatorname{div} \mathcal{n} = 0 \quad (7)$$

und damit die Darstellung von $\mathcal{n}$ durch die transformierte Gleichung (4.19)

$$\mathcal{n} = -\operatorname{rot} \mathcal{f} \quad . \quad (8)$$

Die der Gleichung (4.20) entsprechende Form

$$\mathcal{f} = -(\sigma + s\varepsilon)\mathcal{f} + \frac{1}{\mu s} \operatorname{grad} \operatorname{div} \mathcal{f} \quad (9)$$

kann aber nur dann aus (5) abgeleitet werden, wenn gilt

$$\mathcal{V}(+0) = 0 \quad . \quad (10)$$

Diese Forderung ist gerechtfertigt durch die empirisch bekannte Tatsache der Trägheit induzierter elektromagnetischer Felder, derzufolge der rechtsseitige Grenzwert der sekundären Erregung für $t = +0$ gleich Null gesetzt werden kann. Da nach Gleichung (6) keine Ladungsanhäufungen auftreten, folgt damit aber insbesondere für das vollkommen induzierte elektrische Feld

$$\mathfrak{H}(+0) = 0 \quad \text{bzw.} \quad \mathfrak{E}(+0) = 0 \quad . \tag{10}$$

Damit gilt nun aber auch im Bildraum der LAPLACE-Transformation die Darstellung der elektrischen und magnetischen Felder $\mathfrak{n}$ und $\mathfrak{f}$ durch ein elektrisches Vektorpotential $\mathfrak{f}$ in der den Gleichungen (4.19, 20) entsprechenden Form (8), (9). Es bleibt noch zu zeigen, daß $\mathfrak{f}$ aus einer Form der Wellengleichung bestimmt wird, die derjenigen für harmonische Wellen entspricht, wenn man in ihr $i\omega$ durch s ersetzt, d.h. es muß ebenfalls der Grenzwert $\mathfrak{f}$ verschwinden.

Mit der zweiten Gleichung (10) folgt zunächst aus (8) und deren Originalgleichung

$$\text{rot } \mathfrak{f}(+0) = 0 \tag{11}$$

und mit dem STOKESschen Satz weiter

$$\iint_q \text{rot } \mathfrak{f} \, dq = \oint \mathfrak{f} \, d\mathfrak{b} = 0 \quad \text{für } t = +0 \quad . \tag{12}$$

Da aber $\mathfrak{f}$ nur eine z-Komponente hat und weiter nur vom Abstand r vom Dipol abhängt (vgl. § 5),

$$\mathfrak{f} = \mathfrak{f}_z(r) \quad , \tag{13}$$

etwa in der Form einer Abnahme von $|\mathfrak{f}|$ mit wachsendem r (Abb. 22), so folgt aus dem Verschwinden des Linienintegrals in (12) über den geschlossenen Weg $\mathfrak{b}$ für $t = +0$ notwendig das Verschwinden von $\mathfrak{f}$ für $t = +0$:

$$\mathfrak{f}(+0) = 0 \tag{14}$$

und mit Gleichung (4.20) ebenfalls

$$\mathfrak{G}(+0) = 0 \quad . \tag{15}$$

Aus dem Verschwinden des induzierten Feldes für $t = +0$ folgt also das Verschwinden des gesamten elektromagnetischen Feldes sowie des Vektorpotentials $\mathfrak{f}$ für $t = +0$.

Damit kann die Berechnung der Induktion für eine beliebige Zeitfunktion des Dipols mit der formalen Ersetzung von $i\omega$ durch s in Kap. II ohne weitere Änderung in den Rechnungen im Bildraum der LAPLACE-Transformation durchgeführt werden.

Den vorangegangenen Ausführungen gemäß bezeichnet man die Faktoren von $1/s$ in den Gleichungen (1) und (2) als reine "Übertragungsfaktoren", da sie die Übertragung von der im Sprachgebrauch der Mechanik oder Elektrotechnik sogenannten "Stör-" oder "Eingangsfunktion" F (t) zur "Ausgangsfunktion", im vorliegenden Fall $H_z(t)$ bzw. $H_\rho(t)$, im Bildraum der LAPLACE-Transformation vermitteln. Im Fall des Einheitssprunges E (t) als spezieller Ein-

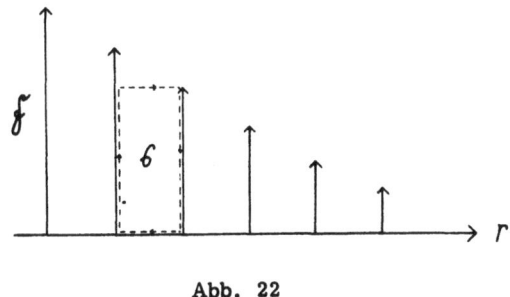

Abb. 22

gangsfunktion nennt man die Ausgangsfunktion auch "Übergangsfunktion", weil sie die Wirkung auf einen einmaligen Übergang von einem stationären Zustand in einen anderen beschreibt. Sie werden hier jeweils gekennzeichnet durch einen oberen Index E, z.B. $H_z^E(t)$ und $H_\rho^E(t)$.

§ 14. Vertikale Komponente des Magnetfeldes

Zunächst wird die Übergangsfunktion H_z^E für die z-Komponente des Magnetfeldes berechnet durch Rücktransformation der Gleichung (13.1),

$$h_z^E(s) = \frac{P_m}{2\pi\mu\rho^3} \frac{1}{\gamma^2 \rho^2} \left[(9 + 9\gamma\rho + 4\gamma^2\rho^2 + \gamma^3\rho^3) e^{-\gamma\rho} - 9 \right] \frac{1}{s} \tag{1}$$

mit
$$\gamma^2 = \sigma\mu s \tag{2}$$

Die explizite Darstellung der Originalfunktion $H_z^E(t)$ ist

$$H_z^E(t) = \frac{1}{2\pi i} \int_{x-i\infty}^{x+i\infty} e^{st} h_z^E(s)\, ds \tag{3}$$

wobei x eine kleine positive reelle Konstante ist.

Das Integral (3) kann über die tabellierten Korrespondenzen berechnet werden. Dazu werden folgende Substitutionen benutzt

$$\sigma\mu\rho^2 s = s' \tag{4}$$

$$\frac{t}{\sigma\mu\rho^2} = \tau \tag{5}$$

Nach Gleichung (2) ist dann

$$\gamma^2 \rho^2 = s' \tag{6}$$

Damit nimmt aber Gleichung (1) die Form an

$$h_z'^E(s') = \frac{P_m}{2\pi\mu\rho^3} \frac{1}{s'} \left[(9 + 9\sqrt{s'} + 4s' + s'^{3/2}) e^{-\sqrt{s'}} - 9 \right] \frac{1}{s} \tag{7}$$

Aus den Substitutionen (4) und (5) folgt ferner

$$s\,t = s'\tau \tag{8}$$

$$\frac{ds}{s} = \frac{ds'}{s'} \tag{9}$$

Das Integral (3) geht damit über in

$$\frac{1}{2\pi i} \int_{x'-i\infty}^{x'+i\infty} e^{s'\tau} h_z^E(s')\, ds' = H_z^E(\tau) \tag{10}$$

das mit $H_z^E(\tau)$ bezeichnet werde und das genau wie vorher die Form einer inversen LAPLACE-Transformation hat, nun allerdings mit den Variablen τ und s'. Die an Stelle von Gleichung (1) rückzutransformierende Funktion $h_z^E(s')$ ist nach (7) und (9) gegeben durch

$$h_z^E(s') = \frac{p_m}{2\pi\mu\rho^3} \frac{1}{s'} \left[(9 + 9\sqrt{s'} + 4s' + s'^{3/2}) e^{-\sqrt{s'}} - 9 \right] \frac{1}{s'} \quad . \tag{11}$$

Auch hier läßt sich wieder der bereits in (9.12) eingeführte Faktor

$$Z_p = \frac{p_m}{4\pi\mu\rho^3} \quad , \tag{12}$$

abspalten, und Gleichung (11) lautet somit:

$$h_z^E(s') = Z_p \frac{1}{s'^2} \left[(18 + 18\sqrt{s'} + 8s' + 2s'^{3/2}) e^{-\sqrt{s'}} - 18 \right] \quad . \tag{13}$$

Infolge der Linearität der LAPLACE-Transformation kann diese Bildfunktion $h_z^E(s')$ gliedweise mittels der bestehenden Tabellen in den Originalraum rücktransformiert werden (vgl. Anhang III), und man erhält als endgültige Lösung für die z-Komponente des Magnetfeldes bei einem Einheitssprung des Dipolmomentes die Übergangsfunktion

$$H_z^E(\tau) = Z_p \left[(9\sqrt{\tau} + \frac{1}{\sqrt{\tau}}) \text{erf}'(\frac{1}{2\sqrt{\tau}}) - (18\tau - 1) \text{erf}(\frac{1}{2\sqrt{\tau}}) - 1 \right] \tag{14}$$

mit

$$\tau = \frac{t}{\sigma\mu\rho^2} \quad . \tag{5}$$

wobei erf(x) die GAUSSsche Fehlerfunktion ist, definiert durch

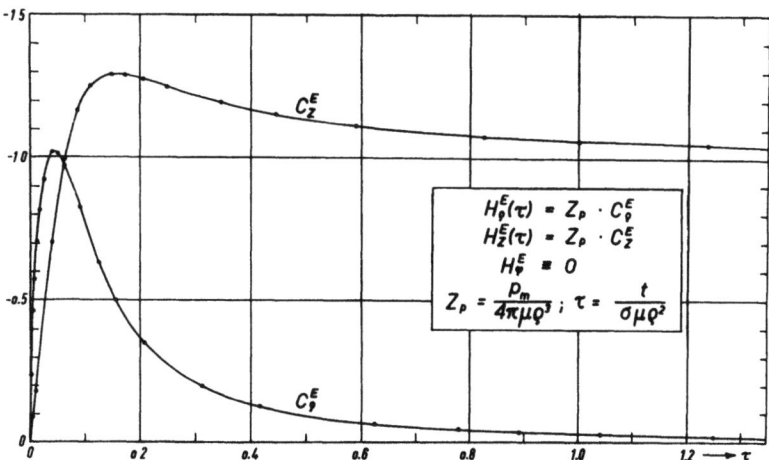

Abb. 23 : Übergangsfunktionen für das Magnetfeld eines vertikalen magnetischen Dipols mit dem Einheitssprung als Zeitfunktion an der Oberfläche eines leitenden, homogenen Halbraumes.

§ 15

$$\mathrm{erf}(x) = \frac{2}{\sqrt{\pi}} \int_0^x e^{-u^2} du \qquad , \qquad (15)$$

und $\mathrm{erf}'(x)$ deren Ableitung:

$$\mathrm{erf}'(x) = \frac{2}{\sqrt{\pi}} e^{-x^2} \qquad . \qquad (16)$$

Diese Lösung (14) kann jetzt, ähnlich wie beim oszillierenden Dipol, in der Form geschrieben werden

$$H_z^E(\tau) = Z_p \cdot C_z^E \qquad , \qquad (17)$$

wobei C_z^E eine reelle, dimensionslose Funktion der Größe τ ist:

$$C_z^E = \left[9\sqrt{\tau} + \frac{1}{\sqrt{\tau}} \right] \mathrm{erf}'\left(\frac{1}{2\sqrt{\tau}}\right) - \left[18\tau - 1 \right] \mathrm{erf}\left(\frac{1}{2\sqrt{\tau}}\right) \qquad , \qquad (18)$$

die wiederum den Einfluß des leitenden Halbraumes auf die z-Komponente des Magnetfeldes bei z = 0 gegenüber dem Feld im Vollraum mit verschwindender Leitfähigkeit kennzeichnet. C_z^E ist graphisch dargestellt in Abb. 23.

Eine allgemeine Diskussion des Kurvenbildes erfolgt wieder im Anschluß an die Berechnung der ρ-Komponente, zusammen mit der entsprechenden Funktion für H_ρ^E (§ 16).

§ 15 . Horizontale Komponente des Magnetfeldes

Für die Übergangsfunktion H_ρ^E der horizontalen Komponente des Magnetfeldes gilt nach Gleichung (13.2) und den Ausführungen des § 13 unter Benutzung der Formel für die WRONSKIsche Determinante des Funktionenpaares $K_o(\frac{1}{2}\gamma\rho)$, $I_o(\frac{1}{2}\gamma\rho)$ im Bildraum der LAPLACE-Transformation

$$h_\rho^E(s) = \frac{p_m}{4\pi\mu\rho^3} \left[(-16 - \gamma^2\rho^2) I_1 K_1 + \gamma^2\rho^2 I_o K_o - 4\gamma\rho(I_1 K_o - I_o K_1) \right] \cdot \frac{1}{s} \qquad (1)$$

mit

$$\gamma^2 = \sigma\mu s \qquad . \qquad (2)$$

Die Argumente $(\frac{1}{2}\gamma\rho)$ der modifizierten BESSEL- und HANKEL-Funktionen I_o, I_1, K_o, K_1 sind der besseren Übersicht halber wieder jeweils fortgelassen worden.

Substituiert man wie bei der z-Komponente

$$\sigma\mu\rho^2 s = s' \qquad , \qquad (3)$$

$$\frac{t}{\sigma\mu\rho^2} = \tau \qquad , \qquad (4)$$

und geht dann vom entsprechenden Integral der Form (14.3) wieder zur Form (14.10) über, wobei man beachten muß, daß der Faktor $\frac{1}{s}$ in (1) gemäß (14.9) wieder in $\frac{1}{s}$ übergeht, so erhält man als Bildfunktion dieser neuen LAPLACE-Transformation mit den Variablen τ und s' nach (1) die Gleichung

$$h_\rho^E (s') = \frac{p_m}{4\pi\mu\rho^3} \left[(-16 - s') I_1 K_1 + s' I_0 K_0 - 4\sqrt{s'} (I_1 K_0 - I_0 K_1) \right] \cdot \frac{1}{s'} , \tag{5}$$

wobei die Argumente der Funktionen I_0, I_1, K_0, K_1 nach (2) und (3) jetzt $(\frac{1}{2}\sqrt{s'})$ sind.

Wie in allen bisherigen Fällen tritt auch hier wieder der in (8.12) eingeführte Faktor

$$Z_p = \frac{p_m}{4\pi\mu\rho^3} \tag{6}$$

auf, mit dem Gleichung (5) die Gestalt annimmt

$$h_\rho^E (s') = Z_p \left[-\frac{16}{s'} I_1 K_1 - I_1 K_1 + I_0 K_0 - \frac{4}{\sqrt{s'}} (I_1 K_0 - I_0 K_1) \right] . \tag{7}$$

Mit den im Anhang III angegebenen Korrespondenzen läßt sich Gleichung (7) in den Originalraum rücktransformieren, und man erhält als endgültige Lösung für die ρ-Komponente des Magnetfeldes bei einem Einheitssprung des Dipolmomentes die Übergangsfunktion

$$H_\rho^E (\tau) = Z_p \left[\frac{1}{2\tau} I_0 \left(\frac{1}{8\tau}\right) - \left(8 + \frac{1}{2\tau}\right) I_1 \left(\frac{1}{8\tau}\right) \right] e^{-\frac{1}{8\tau}} \tag{8}$$

mit

$$\tau = \frac{t}{\sigma\mu\rho^2}$$

Auch diese Lösung kann, wie die der z-Komponente, in der Form geschrieben werden

$$H_\rho^E (\tau) = Z_p \cdot C_\rho^E , \tag{9}$$

wobei C_ρ^E ebenfalls wieder eine reelle, dimensionslose Funktion von τ ist:

$$C_\rho^E = \left[\frac{1}{2\tau} I_0 \left(\frac{1}{8\tau}\right) - \left(8 + \frac{1}{2\tau}\right) I_1 \left(\frac{1}{8\tau}\right) \right] e^{-\frac{1}{8\tau}} , \tag{10}$$

die den Einfluß des leitenden Halbraumes auf die ρ-Komponente des Magnetfeldes bei $z = 0$ gegenüber dem Feld im Vollraum mit verschwindender Leitfähigkeit angibt. C_ρ^E ist zusammen mit der entsprechenden Funktion C_z^E für die z-Komponente in Abb. 23 graphisch dargestellt und soll gemeinsam mit ihr diskutiert werden.

Für die φ-Komponente des Magnetfeldes folgt auch hier wieder aus (6.23)

$$H_\varphi^E = 0 \tag{11}$$

§ 16. Diskussion des Magnetfeldes

a) Graphische Darstellung

In Abb. 23 ist auf der Ordinate jeweils der Zahlenwert der Funktionen C_z^E und C_ρ^E aufgetragen, auf der Abszisse die dimensionslose Größe

$$\tau = \frac{t}{\sigma \mu \rho^2} \quad , \qquad (1)$$

die für konstante Werte σ, μ und ρ ein lineares Maß für die Zeit t darstellt und infolgedessen "numerische Zeit" genannt werden kann, entsprechend der Bezeichnung "numerische Entfernung" für die Größe $R = \sqrt{\sigma\mu\omega}\,\rho$ (8.11). Für mittlere Werte, etwa wieder $\sigma = 10^{-2}\,\Omega^{-1}\mathrm{m}^{-1}$, $\mu = 10^{-6}$ V sec/A m und $\rho = 10^3$ m, entspricht $\tau = 1$ einer wahren Zeit $t = 10^2$ sec.

Man kann nun wieder (vgl. § 10) die gleichen Kurven zeichnen in Abhängigkeit von t bei jeweils festen Werten σ, μ und ρ, aber verschiedenem ρ als Parameter. Bei doppeltem Abstand ρ würden die Abszissenwerte mit 4 zu multiplizieren sein, um den gleichen Wert für τ und damit für C_z^E bzw. C_ρ^E zu erhalten; die Kurven würden also auf das Vierfache gestreckt. Bei halbem Abstand ρ tritt der Faktor $\frac{1}{4}$ hinzu, die Kurvenbilder werden auf ein Viertel gerafft. Auf diese Weise kann man für ein bestimmtes t bei festen Werten σ, μ die Größen C_z^E und C_ρ^E auch in Abhängigkeit vom Abstand ρ bzw. in Abhängigkeit von $1/\rho^2$ zeichnen, wobei man allerdings wieder genau die gleichen Kurvenbilder erhalten würde wie in Abhängigkeit von t bzw. τ. Denn für eine feste Zeit t und konstante Werte σ, μ können C_z^E und C_ρ^E auch direkt als Funktionen des Abstandes ρ betrachtet werden. Die "numerische Zeit" τ ist dann ein lineares Maß für $1/\rho^2$, d.h. vierfaches τ entspricht halbem Abstand, $\frac{1}{4}\tau$ dagegen doppeltem Abstand, usw. Ähnliche Betrachtungen lassen sich auch mit der Leitfähigkeit σ anstellen: für feste Werte t, μ und ρ ist τ ein lineares Maß für $1/\sigma$.

Aus den Kurven der Abb. 23 für C_z^E und C_ρ^E läßt sich bei bekannter Leitfähigkeit σ und Permeabilität μ des Halbraumes das Magnetfeld an der Oberfläche $z = 0$ (Erdoberfläche) bei einem Einheitssprung des Dipolmomentes für jede Zeit t und für jeden Abstand ρ vom Dipol bestimmen.

b) Verhalten des Feldes in speziellen Punkten

Wie beim harmonisch oszillierenden Dipol ist auch hier wieder das Magnetfeld für extrem kleine und große Werte der Abszisse von besonderem Interesse.

Der Fall $\tau \to 0$ ist gegeben durch $t \to 0$, $\rho \to \infty$ oder $\sigma \to 0$. Die Funktionen C_z^E und C_ρ^E streben beide gegen Null, und da der Faktor

$$Z_p = \frac{p_m}{4\pi\mu\rho^3} \quad , \qquad (2)$$

der nach (14.17) und (15.9) ja erst die wahre Amplitude des Feldes vermittelt, für $\rho \neq 0$ endlich ist, bzw. für $\rho \to \infty$ ebenfalls verschwindet, kann für $\rho \neq 0$ überhaupt kein Magnetfeld existieren.

Die Reihendarstellungen der Funktionen C_z^E und C_ρ^E für kleine Werte von τ , entsprechend großen Werten der Argumente $(1/2\sqrt{\tau})$ und $(1/8\tau)$ der Fehler- und Zylinderfunktionen, lauten nach (14.18) und (15.10) für $\tau \ll 1$ [x)]

$$C_z^E = \frac{2}{\sqrt{\pi}} e^{-\frac{1}{4\tau}} \left[\frac{1}{\sqrt{\tau}} + 8\sqrt{\tau} + 20\,\tau^{3/2} - 36\,\tau^{5/2} \pm \ldots \right] - 18\tau \,, \qquad (3)$$

$$C_\rho^E = \frac{2}{\sqrt{\pi}} \sqrt{\tau} \left[-6 + 30\tau \pm \ldots \right] \qquad . \qquad (4)$$

Daraus folgt für die Steigung der Kurven C_z^E und C_ρ^E im Punkte $\tau = 0$:

$$\left[\frac{d\,C_z^E}{d\tau} \right]_{\tau = 0} = -18 \qquad , \qquad (5)$$

$$\lim_{\tau \to 0} \left(\frac{d\,C_\rho^E}{d\tau} \right) = -\infty \qquad , \qquad (6)$$

oder für das Verhältnis der ρ - und z-Komponente des Magnetfeldes bei $\tau \ll 1$

$$\frac{H_\rho^E}{H_z^E} = \frac{C_\rho^E}{C_z^E} = \frac{2}{3\sqrt{\pi}} \frac{1}{\sqrt{\tau}} \qquad . \qquad (7)$$

Bei kleiner werdendem τ wird also die horizontale Komponente des Feldes gegenüber der vertikalen Komponente immer mehr überwiegen und schließlich für $\tau \to 0$ ein horizontal gerichtetes Feld bestehen (vgl. unter c).

Der Fall großer Abszissenwerte τ wird realisiert durch große Werte t oder kleine Werte ρ und σ. Für $\tau \to \infty$ strebt C_z^E gegen -1, während C_ρ^E verschwindet. Das Feld verhält sich in jedem Augenblick wie das Feld eines stationären Dipols vom Moment p_m : Der Feldvektor ist vertikal und entgegengesetzt zum erregenden Dipolmoment gerichtet.

Für $t \to \infty$ bzw. $\sigma \to 0$ und $\rho \neq 0$ ist dieser Fall sicher richtig. Für $\rho \to 0$ dagegen ist vorausgesetzt, daß die Abnahme von C_ρ^E für kleine Werte von τ, entsprechend großen Werten von τ , stärker als mit ρ^3 bzw. $1/\tau^{3/2}$ erfolgt , stärker also als Z_p für kleine Werte von ρ wächst. Der Quotient $C_\rho^E/\tau^{3/2}$ muß also für große Werte von τ gegen Null streben. In Abbildung 24 ist dieses Verhältnis graphisch dargestellt. Sie zeigt, daß die genannte Voraussetzung in der Tat gut erfüllt ist.

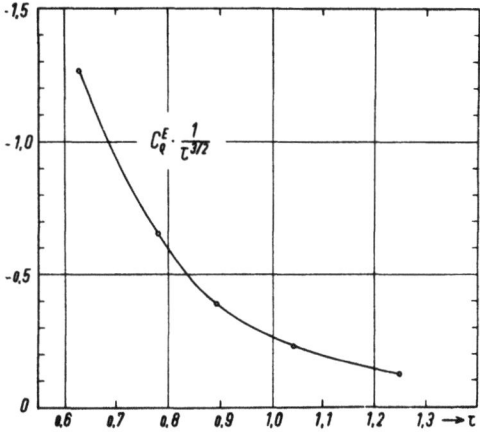

Abb. 24 : Zum Verhalten von C_ρ^E bei Annäherung an den Dipol.

---
x) vgl. Anhang IV

§ 16   - 64 -

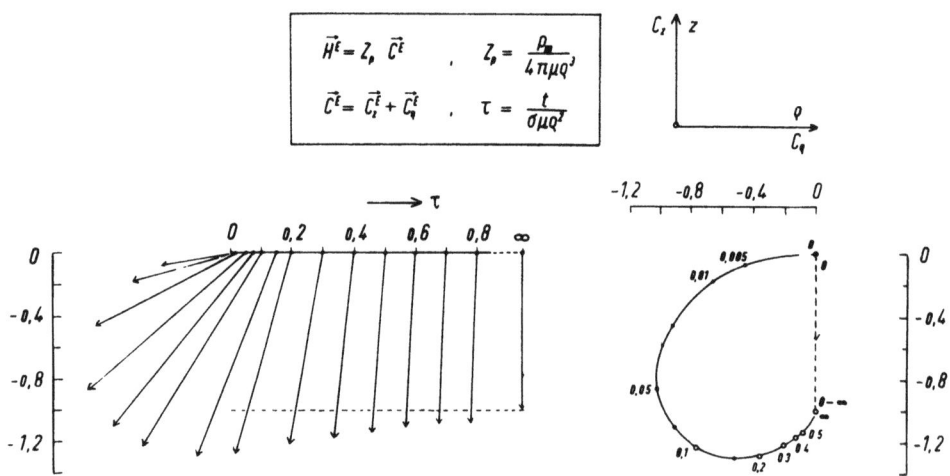

Abb. 25: $\vec{C^E}$ in Abhängigkeit von τ (links) und Vektogramm für $\vec{C^E}$ mit dem
Parameter τ (rechts). Der Dipol ist jeweils links vom Schaubild zu denken.

c) Feldvektoren und Vektogramme des Magnetfeldes

Durch vektorielle Addition der Übergangsfunktionen für z- und ρ -Komponente des Magnetfeldes können mit Hilfe der Kurven für C_z^E und C_ρ^E in Abb. 25 die Feldvektoren gezeichnet werden, genauer die vektoriellen Größen

$$\vec{C^E} = \vec{C_z^E} + \vec{C_\rho^E} \qquad , \qquad (8)$$

durch die das Feld selbst wieder durch Multiplikation mit Z_p bestimmt wird:

$$\vec{H^E} = Z_p \cdot \vec{C^E} \qquad . \qquad (9)$$

Im linken Teil der Abb. 25 sind die Feldvektoren zunächst in Abhängigkeit von τ gezeichnet, wobei τ positiv nach rechts aufgetragen ist. Der Feldvektor beschreibt mit wachsendem τ eine Drehung um 90°, entgegengesetzt dem Uhrzeigersinn, von der horizontalen in die vertikale Lage. Sein Betrag ist erst kleiner, ab etwa $\tau = 0,025$ aber größer als der Betrag des Feldes bei einem stationären Dipol, das allein durch die Größe Z_p bestimmt wird und dessen Vektoren in dieser Darstellung sämtlich vertikal nach unten gerichtet und vom Betrag 1 wären, was für $\tau \to \infty$ in der Tat der Fall ist (s.o.). Um die Abweichung des Feldes von dem des stationären Dipols und damit den Einfluß des leitenden Halbraumes kenntlich zu machen, ist die gestrichelte Linie bei -1 eingezeichnet, auf der die Endpunkte der vertikalen Feldvektoren eines stationären Dipols sämtlich liegen würden.

Eine bessere Darstellung der Vektoren $\vec{C^E}$ erhält man im sogenannten "Vektogramm", in dem alle Vektoren von einem Punkt aus abgetragen und ihre Endpunkte miteinander verbunden sind. Im rechten Teil der Abb. 25 ist das Vektogramm für $\vec{C^E}$ im gleichen Maßstab wie die Feldvektoren dargestellt. Man kann in ihm für einen festen Abstand ρ und konstante Werte σ, μ sowohl die Drehung des Feldvektors als auch seine Änderungsgeschwindigkeit direkt erkennen. Denn für feste Werte σ, μ, ρ ist ja die "numerische Zeit" τ ein lineares Maß für

für die wahre Zeit t, so daß die Teile des Bogens zwischen äquidistanten Werten des Parameters τ in jeweils der gleichen Zeit vom Endpunkt des Feldvektors durchlaufen werden. Aus dem Vektogramm für $\overrightarrow{C^E}$ ist ersichtlich, daß die Änderungsgeschwindigkeit für $\overrightarrow{C^E}$ mit wachsendem τ immer kleiner wird, das Feld nähert sich zuerst schnell, dann aber immer langsamer dem stationären Zustand ($C_z^E = -1$; $C_\rho^E = 0$). Zum Vergleich ist auch hier wieder gestrichelt das Vektogramm für eine stationäre Behandlung des Dipol eingezeichnet, wenn also das Feld in jedem Augenblick dem eines stationären Dipols entspricht: für t = 0 bzw. τ = 0 geht das Feld sprunghaft von dem einen in den anderen stationären Zustand über.

IV. Dipol mit beliebiger Zeitfunktion

§ 17. Exakte Lösungen

Die große Bedeutung der Übergangsfunktionen H_z^E und H_ρ^E liegt darin, daß durch sie die Induktion eines magnetischen Dipols von ganz beliebiger vorgegebener Zeitfunktion durch ein reines Faltungsintegral gegeben ist und nach einem Näherungsverfahren auch numerisch berechnet werden kann. Dazu dienen die folgenden Betrachtungen.

Die Zeitfunktion F (t) sei in erster Näherung dargestellt als Linearkombination von Einheitssprüngen (Abb. 26) [x)]:

$$F(t) = F(0) \cdot E(t) + \sum_{\nu=0}^{n} \left[F(\lambda_{\nu+1}) - F(\lambda_\nu) \right] \cdot E(t - \lambda_{\nu+1}), \quad (1)$$

wobei E (t - a) einen Einheitssprung der Zeitfunktion zur Zeit t = a bedeutet:

$$E(t - a) = \begin{cases} 0 & \text{für } t < a, \\ 1 & \text{für } t > a. \end{cases} \quad (2)$$

Wenn $H_{z,\rho}^E$ (t) die Induktion des Dipols (z- oder ρ -Komponente) für den Einheitssprung E (t) als Eingangsfunktion ist, so ergibt sich nach dem Superpositionsprinzip die Lösung für eine beliebige Eingangsfunktion F (t) der Gestalt (1) als

$$H_{z,\rho}(t) = F(0) \cdot H_{z,\rho}^E(t) + \sum_{\nu=0}^{n} \left[F(\lambda_{\nu+1}) - F(\lambda_\nu) \right] H_{z,\rho}^E(t - \lambda_{\nu+1}), \quad (3)$$

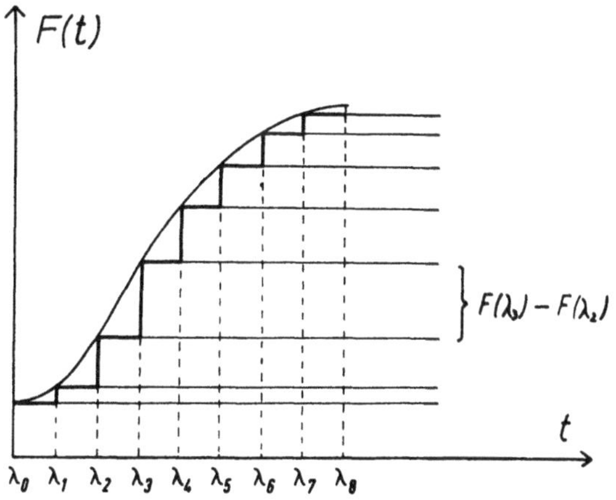

Abb. 26: Annäherung der Eingangsfunktion F (t) durch eine Treppenkurve

---

x) vgl. [9], S. 85 f

wobei hier zunächst die $H^E_{z,\rho}(t)$ für konstante Werte σ, μ, ρ als reine Funktionen der Zeit t angesehen werden.

Nach der Umformung

$$H_{z,\rho}(t) = F(0) \cdot H^E_{z,\rho}(t) + \sum_{\nu=0}^{n} \frac{F(\lambda_{\nu+1}) - F(\lambda_\nu)}{\Delta \lambda_\nu} H^E_{z,\rho}(t - \lambda_{\nu+1}) \cdot \Delta \lambda_\nu \qquad (4)$$

ergibt sich im Grenzübergang $\Delta \lambda_\nu \to 0$

$$H_{z,\rho}(t) = F(0) \cdot H^E_{z,\rho}(t) + \int_0^t \frac{dF(\lambda)}{d\lambda} H^E_{z,\rho}(t - \lambda) \, d\lambda \qquad (5)$$

oder, nach der Regel zur Differentiation eines bestimmten Integrals nach seiner oberen Grenze [x]),

$$H_{z,\rho}(t) = \frac{d}{dt} \int_0^t F(\lambda) \cdot H^E_{z,\rho}(t - \lambda) \, d\lambda \qquad (6)$$

Diese Gleichung enthält ein Faltungsintegral der Funktionen $F(t)$ und $H^E_{z,\rho}(t)$. Nach dem Kommutativgesetz der Faltung gilt deshalb ebenfalls

$$H_{z,\rho}(t) = \frac{d}{dt} \int_0^t F(t - \lambda) \cdot H^E_{z,\rho}(\lambda) \, d\lambda \qquad (7)$$

oder, nach Anwendung der gleichen Regel wie bei (5)

$$H_{z,\rho}(t) = F(t) \cdot H^E_{z,\rho}(0) + \int_0^t F(t - \lambda) \cdot \frac{dH^E_{z,\rho}(\lambda)}{d\lambda} \, d\lambda \qquad (8)$$

Da nach den Ausführungen in § 16 b für $\rho \neq 0$ gilt

$$H^E_{z,\rho}(0) = 0 \qquad (9)$$

ergibt sich aus Gleichung (8)

$$H_{z,\rho}(t) = \int_0^t F(r - \lambda) \frac{dH^E_{z,\rho}(\lambda)}{d\lambda} \, d\lambda \qquad (10)$$

Bei bekannten Übergangsfunktionen $H^E_{z,\rho}(t)$ ist also durch Gleichung (5) oder (6) bzw. (7) oder (10) das Magnetfeld $H_{z,\rho}(t)$ für eine beliebige Zeitfunktion $F(t)$ des Dipols vollständig bestimmt.

---

[x]) [1] Bd. I, S. 147

§ 18. Näherungsverfahren zur numerischen Berechnung der Lösung

Für die numerische Berechnung von $H_{z,\rho}(t)$ wird das Integral (17.10) wieder durch eine Reihe angenähert. Durch Vorziehen des allen Gliedern gemeinsamen Faktors Z_p wird gleichzeitig wieder von den eigentlichen H-Feldern zu den entsprechenden Induktionsfunktionen übergegangen:

$$H_{z,\rho}(t) = Z_p \cdot \sum_{\nu=0}^{n} F(t - \lambda_{\nu+1}) \left[C_{z,\rho}^{E}(\lambda_{\nu+1}) - C_{z,\rho}^{E}(\lambda_{\nu}) \right] . \tag{1}$$

Nach Gleichung (17.3) gilt aber, wenn man speziell $F(0) = 0$ voraussetzt, ebenfalls

$$H_{z,\rho}(t) = Z_p \cdot \sum_{\nu=0}^{n} \left[F(\lambda_{\nu+1}) - F(\lambda_{\nu}) \right] C_{z,\rho}^{E}(t - \lambda_{\nu+1}) . \tag{2}$$

In den beiden Gleichungen (1) und (2) hat man zwei Möglichkeiten zur näherungsweisen Berechnung der Induktion des magnetischen Dipols mit $F(t)$ als Zeitfunktion, und zwar jeweils in der Gestalt

$$H_{z,\rho}(t) = Z_p \cdot C_{z,\rho}(t) , \tag{3}$$

wobei die $C_{z,\rho}(t)$ zwei reelle, dimensionslose Funktionen der Zeit t sind, die auch hier wieder den Einfluß des leitenden Halbraumes auf das gesamte Magnetfeld kennzeichnen. Sie haben eine der beiden Formen

$$C_{z,\rho}^{(1)}(t) = \sum_{\nu=0}^{n} F(t - \lambda_{\nu+1}) \left[C_{z,\rho}^{E}(\lambda_{\nu+1}) - C_{z,\rho}^{E}(\lambda_{\nu}) \right] \quad \text{(nach (1))}, \tag{4}$$

oder

$$C_{z,\rho}^{(2)}(t) = \sum_{\nu=0}^{n} \left[F(\lambda_{\nu+1}) - F(\lambda_{\nu}) \right] C_{z,\rho}^{E}(t - \lambda_{\nu+1}) \quad \text{(nach (2))} . \tag{5}$$

Für die Anwendung in Kap. V ist aus folgenden Gründen das zweite Verfahren, Gleichung (5), gewählt worden. Läßt man nämlich die Zeit t sich kontinuierlich ändern, so ist die stetige Änderung von $C_{z,\rho}^{(1)}(t)$ nach (4) durch die stetige Änderung von $F(t - \lambda_{\nu+1})$ gegeben, während die Differenzen $\left[C_{z,\rho}^{E}(\lambda_{\nu+1}) - C_{z,\rho}^{E}(\lambda_{\nu}) \right]$ für jedes t gleich sind und allein durch den Grad n der Unterteilung der Zeitachse bestimmt werden. Das erste Verfahren entspricht also bei glatter Zeitfunktion $F(t)$ der Annäherung der Übergangsfunktionen $C_{z,\rho}^{E}(t)$ durch eine "Treppenfunktion", während bei dem zweiten Verfahren, mit Gleichung (5), die für alle t gleichen Differenzenfaktoren $\left[F(\lambda_{\nu+1}) - F(\lambda_{\nu}) \right]$ aus der Zeitfunktion $F(t)$ bestimmt werden und die stetige Änderung von $C_{z,\rho}^{(2)}(t)$ bei Variation von t durch die stetige Änderung der Übergangsfunktionen $C_{z,\rho}^{E}(t)$ gegeben ist. Das zweite Verfahren entspricht also, wie vorgesehen, der Annäherung der Zeitfunktion $F(t)$ durch eine "Treppenfunktion" bei glatten Übergangsfunktionen $C_{z,\rho}^{E}(t)$.

Bei endlichen Störungen $F(t)$ der Zeitdauer T mit

$$F(t) = 0 \quad \text{für } 0 = \lambda_0 \leqq t \leqq \lambda_n = T , \tag{6}$$

§ 18   - 68 -

sind ferner die Funktionen $C_{z,\rho}^{(1)}(t)$ nach (4) für $t \geq \lambda_n + \lambda_{n+1}$ bereits exakt gleich Null, während die Funktionen $C_{z,\rho}^{(2)}(t)$ nach (5) auch dann noch immer geringe, stetig kleiner werdende Abweichungen vom Grenzwert Null für $t \to \infty$ aufweisen, wie es in der Tat ja auch zu erwarten ist.

Das zweite Verfahren scheint daher die wirklichen Verhältnisse der Induktion bei glatter Eingangsfunktion F(t) stärker angenähert wiederzugeben als das erste, und es wird im folgenden unter $C_{z,\rho}(t)$ jeweils $C_{z,\rho}^{(2)}(t)$ verstanden.

Da die Übergangsfunktionen $C_{z,\rho}^{E}$ in Gleichung (5) als Funktionen von $(t - \lambda_{\nu+1})$ auftreten für feste Werte von σ, μ und ρ, sie uns aber als Funktionen von $\tau = t/\sigma\mu\rho^2$ gegeben sind, ist es zweckmäßig, für das Argument $(t - \lambda_{\nu+1})$ jetzt wieder allgemein zu schreiben

$$\frac{t - \lambda_{\nu+1}}{\sigma \mu \rho^2} = \tau_{\nu+1} \tag{7}$$

Ferner ist es bei endlichen Störungen der Zeitdauer T sinnvoll, von der Variablen t zur neuen Variablen t/T überzugehen und damit das Argument (7) auf die Form zu bringen

$$\tau_{\nu+1} = (\frac{t}{T} - \frac{\lambda_{\nu+1}}{T}) \cdot K \tag{8}$$

wobei K ein dimensionsloser Parameter ist der Form

$$K = \frac{T}{\sigma \mu \rho^2} \tag{9}$$

Die Gleichung (5) lautet damit

$$C_{z,\rho}(\frac{t}{T}) = \sum_{\nu=0}^{n} \left[F(\lambda_{\nu+1}) - F(\lambda_\nu) \right] \cdot C_{z,\rho}^{E} \left[(\frac{t}{T} - \frac{\lambda_{\nu+1}}{T}) \cdot K \right] \tag{10}$$

Nach Gleichung (3) ergibt sich daraus das Magnetfeld in der Form

$$H_{z,\rho}(\frac{t}{T}) = Z_p \cdot C_{z,\rho}(\frac{t}{T}) \tag{11}$$

mit

$$Z_p = \frac{p_m}{4 \pi \mu \rho^3} \tag{12}$$

Die Gleichung (10), zusammen mit (11) und (12), stellt die endgültige Form des Näherungsverfahrens für endliche Störungen dar, die in Kap. V auf das Beispiel einer speziellen Störung angewandt werden soll.

V. Dipol mit baiförmiger Zeitfunktion

§ 19. Die Zeitfunktion

Als spezielle Eingangsfunktion F(t), auf die das Verfahren des § 18 angewandt werden soll, wird eine baiförmige Störung gewählt von der Form

$$F(t) = \begin{cases} 0 & \text{für } 0 \geqq t \geqq T, \\ \dfrac{1 - \cos \omega t}{2} & \text{für } 0 \leqq t \leqq T, \end{cases} \qquad (1)$$

wobei $\omega = 2\pi/T$ und T die Zeitdauer der Störung ist (Abb. 27).

Die Annäherung der Zeitfunktion F(t) durch eine "Treppenfunktion", d.h. durch eine Linearkombination von Einheitssprüngen der Gestalt (17.1), erfolgt in zwölf äquidistanten Stufen bei $t/T = 1/12, 2/12, \ldots, 12/12$, entsprechend den Werten λ_1/T, λ_2/T, ..., λ_{12}/T. Der Summationsindex ν in Gleichung (18.10) läuft von 0 bis 11, da bereits für $\nu = 12$ die Differenz $F(\lambda_{13}) - F(\lambda_{12})$ verschwindet.

Für den Parameter $K = T/\sigma\mu\rho^2$ werden die Werte 10, 1 und 0,1 gewählt. Mit den bereits mehrfach benutzten mittleren Werten $\sigma = 10^{-2} \; \Omega^{-1} \; m^{-1}$, $\mu = 10^{-6}$ V sec/A m und $\rho = 10^3$ m entspricht $K = 10$ einer Störungsdauer $T = 10^{-1}$ sec, desgleichen $K = 0,1$ einem $T = 10^{-3}$ sec. Bei Abmessungen, die den Größenordnungen der Ionosphäre entsprechen, also $\rho = 10^5$ m, und gleichen Werten σ und μ, entspricht $K = 10$ einer Zeit $T = 10^3$ sec und $K = 0,1$ einer Zeit $T = 10$ sec.

In den §§ 20 und 21 werden zunächst die vertikale und horizontale Komponente der Induktion des Dipols mit der durch die "Treppenfunktion" angenäherten Zeitfunktion (1) nach Gleichung (18.10) berechnet und sodann die Induktion für die Zeitfunktion F(t) selbst auf graphischem Wege ermittelt.

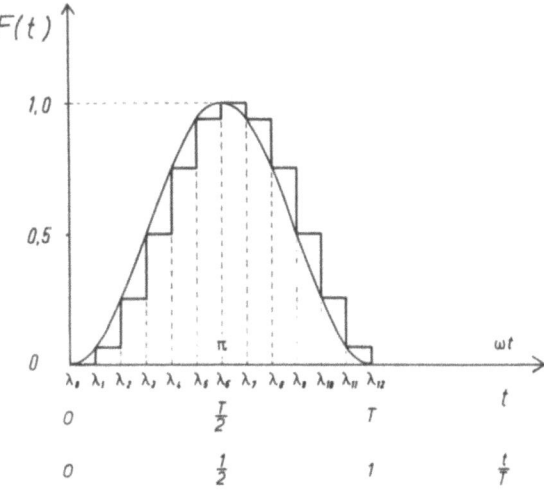

Abb. 27 : Baiförmige Zeitfunktion F(t), angenähert durch eine Treppenfunktion.

§ 20. Vertikale Komponente des Magnetfeldes

Die Berechnung der Funktionswerte $C_z(t/T)$ nach Gleichung (18.10) erweist sich besonders einfach, wenn man auch für die Variable t/T äquidistante Werte vom Abstand $1/12$ nimmt, da dann für benachbarte t/T die gleichen Faktoren $C_z^E[(t/T - \lambda_{\nu+1}/T) \cdot K]$ in benachbarten Gliedern der Summe auftreten. Damit wird die Zahl der aus der Kurve für die Übergangsfunktion C_z^E (Abb. 23) zu entnehmenden Werte stark vermindert, allerdings nicht die Genauigkeit des Ergebnisses erhöht. Das Verfahren soll am Beispiel $K = 10$ ausführlich erläutert werden.

Berechnet sind zunächst die Funktionswerte $C_z(t/T)$ für $t/T = 1/12, 2/12, \ldots$, also für die Zeiten, bei denen die "Treppenfunktion", durch die $F(t)$ angenähert ist, gerade eine Sprungstelle hat. Das Ergebnis ist eine Punktfolge, durch die man bereits recht gut eine vernünftige Kurve legen kann: die dünn gezeichnete Linie in Abb. 28. Diese Kurve ist nun aber weder die Induktion für die Treppenfunktion noch für die glatte Zeitfunktion $F(t)$ als Eingangsfunktion des Dipols, wie sofort ersichtlich ist, wenn man als nächstes die Funktionswerte für die Zwischenwerte $t/T = 1/24, 3/24, \ldots$ berechnet. Man erkennt, daß die einzelnen Sprünge der Treppenfunktion als Eingangsfunktion sich bei der Induktion in Form kleiner Höcker zwischen den Funktionswerten an den Sprungstellen bemerkbar machen. Die Gestalt dieser "Höcker", insbesondere Lage und Höhe der Maxima, kann man aus ihren Anfangs- und Endpunkten heraus näherungsweise bestimmen, d. h. unter der Annahme, daß die Induktionen aller

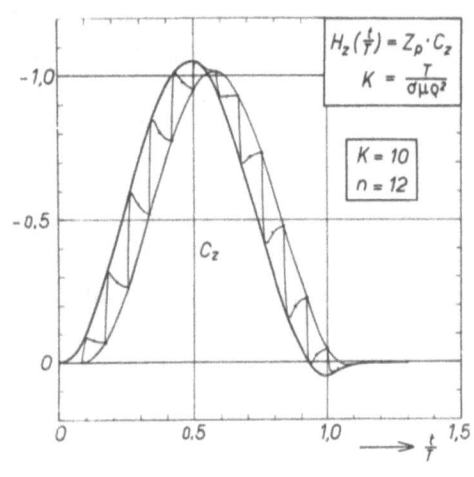

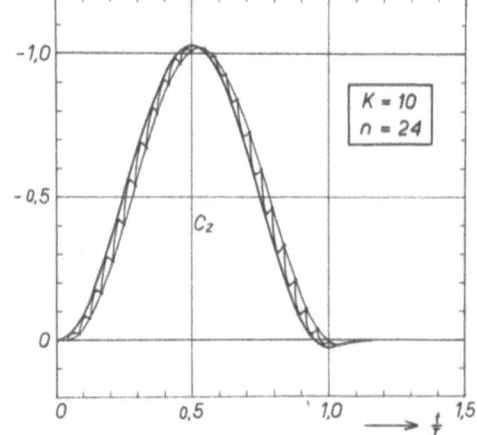

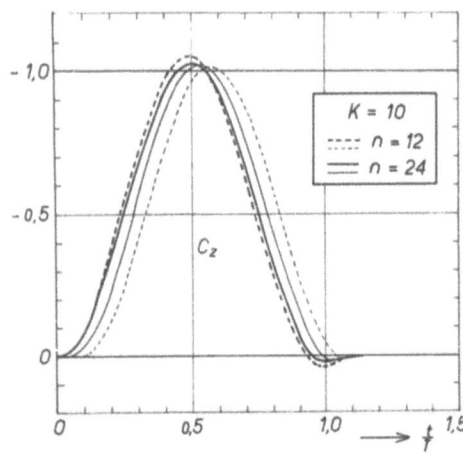

Abb. 28, 29 und 30 : Zur Bestimmung der Induktionskurven für eine baiförmige Störung

vorangegangenen Sprünge dort schon abgeklungen sind, die Höcker also jeweils waagerecht in den Funktionswert der nächsten Sprungstelle einmünden. Sie stellen dann ein genähertes Abbild der Übergangsfunktion $C_z^E(\tau)$ von $\tau = 0$ bis $\tau = K/12$ in dem Intervall der Breite $1/n$ zwischen zwei Sprungstellen dar. Speziell für $K = 10$ müssen die Höcker also jeweils ein Abbild der Funktion $C_z^E(\tau)$ in den Grenzen $0 \leqq \tau \leqq 0,833$ darstellen (vgl. Abb. 23). Die bereits berechneten Zwischenwerte für $t/T = 1/24, 3/24, \ldots,$ müssen dann auf diesen Kurven liegen. Ferner müssen sich die gleichen Kurven ergeben, wenn man jeweils nur vom Anfangspunkt des t/T-Intervalles ausgeht, bei Kenntnis der durch die Treppenfunktion gegebenen Höhe des Sprunges. Beide Forderungen sind gut erfüllt bei allen Höckern dieser gebirgsartigen Kurve, die also damit zunächst die Lösung für die Treppenfunktion als Eingangsfunktion angibt. Für $t/T > 13/12$ treten natürlich, da keine Sprünge der Eigenfunktion mehr stattfinden, auch keine Höcker in der Induktionskurve mehr auf, das Feld klingt sehr schnell stetig gegen Null ab.

Als nächstes taucht die Frage nach der Induktion der glatten Zeitfunktion F(t) auf. Die nach (18.10) allein aus den zuerst berechneten Funktionswerten für $C_z(t/T)$ bei $t/T = 1/12$, $2/12, \ldots$ ermittelte glatte Kurve ist nach Abb. 26 die rechtsseitige Umhüllende der Induktionskurve für die Treppenfunktion als Eingangsfunktion. Desgleichen kann man nun aber auch deren linksseitige Umhüllende zeichnen, die ebenfalls mit in Abb. 28 eingetragen ist. Beide Umhüllenden stellen je eine Näherung für die Induktion der glatten Zeitfunktion F(t) als Eingangsfunktion dar. Man kann aber schon vermuten, daß die linksseitige Umhüllende eine bessere Näherung sein wird, da sie einmal vom Nullpunkt ausgehend gezeichnet werden kann, während die rechtsseitige Umhüllende bei $t/T = 1/12$ beginnt, also erst bei der ersten Stufe der Treppenfunktion. Zum anderen ist aber auch die glatte, baiartige Zeitfunktion F(t) nach Abb. 27 die linksseitige Umhüllende der sie annähernden Treppenfunktion.

Um die Frage nach der Induktion der glatten Zeitfunktion näher zu untersuchen, ist zu deren besserer Annäherung die Treppenfunktion mit 12 Stufen durch eine solche mit 24 Stufen ersetzt und dann auf die gleiche Weise wie oben deren Induktionskurve gezeichnet worden. Das ergibt eine gebirgsartige Kurve mit 24 "Höckern", bei der rechts- und linksseitige Umhüllende schon sehr viel dichter zusammenliegen (Abb. 29).

In Abb. 30 sind die vier Näherungslösungen für die Induktion der glatten Zeitfunktion F(t) als Eingangsfunktion noch einmal zusammen gezeichnet: rechts- und linksseitige Umhüllende der Induktionskurven für eine 12- und 24-stufige Treppenfunktion. Man sieht, daß in der Tat die linksseitigen Umhüllenden sehr viel bessere Näherungen darstellen und daß bei noch mehrstufigeren Treppenfunktionen alle Näherungskurven gegen eine Kurve konvergieren, die schon nicht mehr wesentlich von der linksseitigen Umhüllenden der Induktionskurve für die 24-stufige Treppenfunktion abweicht. Diese Kurve kann also bereits als gut brauchbare Lösung für die Induktion der glatten Zeitfunktion angesehen werden.

Um nun nicht jedesmal die Güte der Annäherung mit mehrstufigeren Treppenfunktionen gesondert untersuchen zu müssen, läßt sich eine hinreichende Bedingung angeben, mit der man sogleich eine recht gute Näherung für die Induktion der glatten Zeitfunktion erhalten kann. Es leuchtet ein, daß - zunächst nur für die z-Komponente - die linksseitige Umhüllende sicher dann mit guter Näherung die Induktion der glatten Zeitfunktion darstellt, wenn ihre Abweichung von der rechtsseitigen Umhüllenden nicht mehr sehr groß ist. Das aber läßt sich erreichen, wenn man verhindert, daß die Höcker zwischen je zwei Sprungstellen jedesmal ausgeprägte Extrema haben. Da nun diese Höcker, wie bereits erwähnt, näherungsweise verkleinerte Abbilder der Übergangsfunktion $C_z^E(\tau)$ zwischen $\tau = 0$ und $\tau = K/n$ sind und $C_z^E(\tau)$ bei

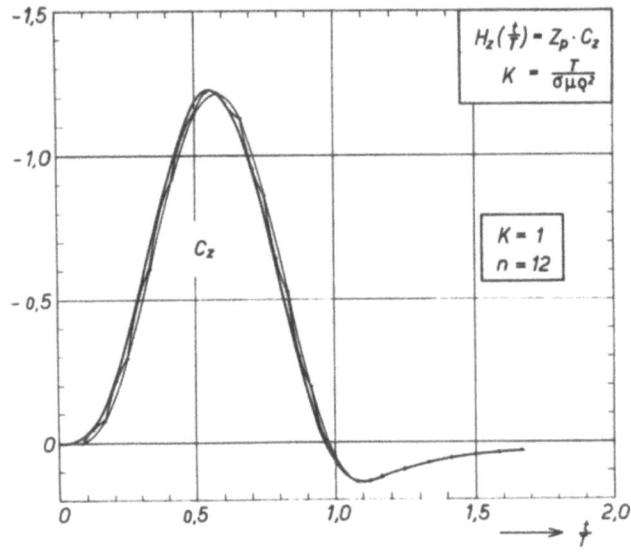

Abb. 31

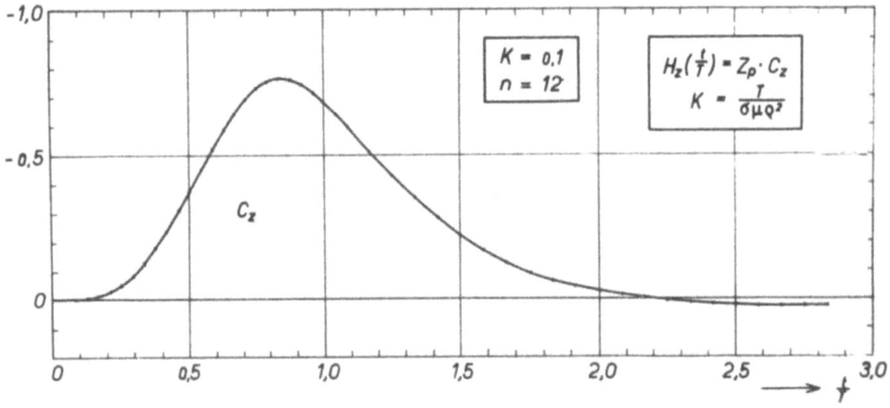

Abb. 32

$\tau = 0,16$ sein Maximum hat, braucht man nur etwa

$$K/n < 0,1 \qquad (1)$$

zu setzen. Man hat also den Grad der Unterteilung der Zeitachse, d. h. die Anzahl der Stufen der Treppenfunktion, etwa

$$n > 10 K \qquad (2)$$

zu wählen.

Die Bedingung (2) ist für die ebenfalls untersuchten Fälle $K = 1$ und $K = 0,1$ mit $n = 12$ bereits gut erfüllt (Abb. 31, 32). Bei $K = 0,1$ fallen rechts- und linksseitige Umhüllende bereits innerhalb der Zeichengenauigkeit zusammen. Der wichtigste Unterschied ist hier, daß die linksseitige Umhüllende wieder im Nullpunkt, die rechtsseitige jedoch bei $t/T = 1/12$ beginnt. Die Abb. 31 und 32 sollen lediglich die Güte der Annäherung der Induktion der glatten Zeitfunktion F (t) durch die beiden Umhüllenden zeigen. Eine allgemeine Diskussion der so ermittelten Näherungslösungen für die z-Komponente der Induktion für eine baiartige Zeitfunktion des Dipols erfolgt im Anschluß an die Ermittlung der ρ -Komponente, zusammen mit deren Näherungslösungen (§ 22).

§ 21. Horizontale Komponente des Magnetfeldes

Auf gleiche Art wie bei der z-Komponente werden auch die Näherungslösungen der ρ -Komponente des Magnetfeldes auf graphischem Wege ermittelt. Es wird zunächst wieder untersucht, jetzt für K = 1, welche der beiden Umhüllenden der Induktion für die Treppenfunktion eine bessere Annäherung an die Induktion der glatten Zeitfunktion darstellt. Dazu wird diese wiederum neben der 12-stufigen durch eine 24-stufige Treppenfunktion angenähert. Die Induktionskurven beider werden berechnet (Abb. 33, 34) und die vier Umhüllungskurven als Näherungen für die Induktion der glatten Zeitfunktion miteinander verglichen (Abb. 35). Man sieht auch hier, daß die linksseitigen Umhüllenden bessere Näherungen ergeben als die rechtsseitigen und daß die linksseitige Umhüllende für K = 1 bei n = 24 bereits als

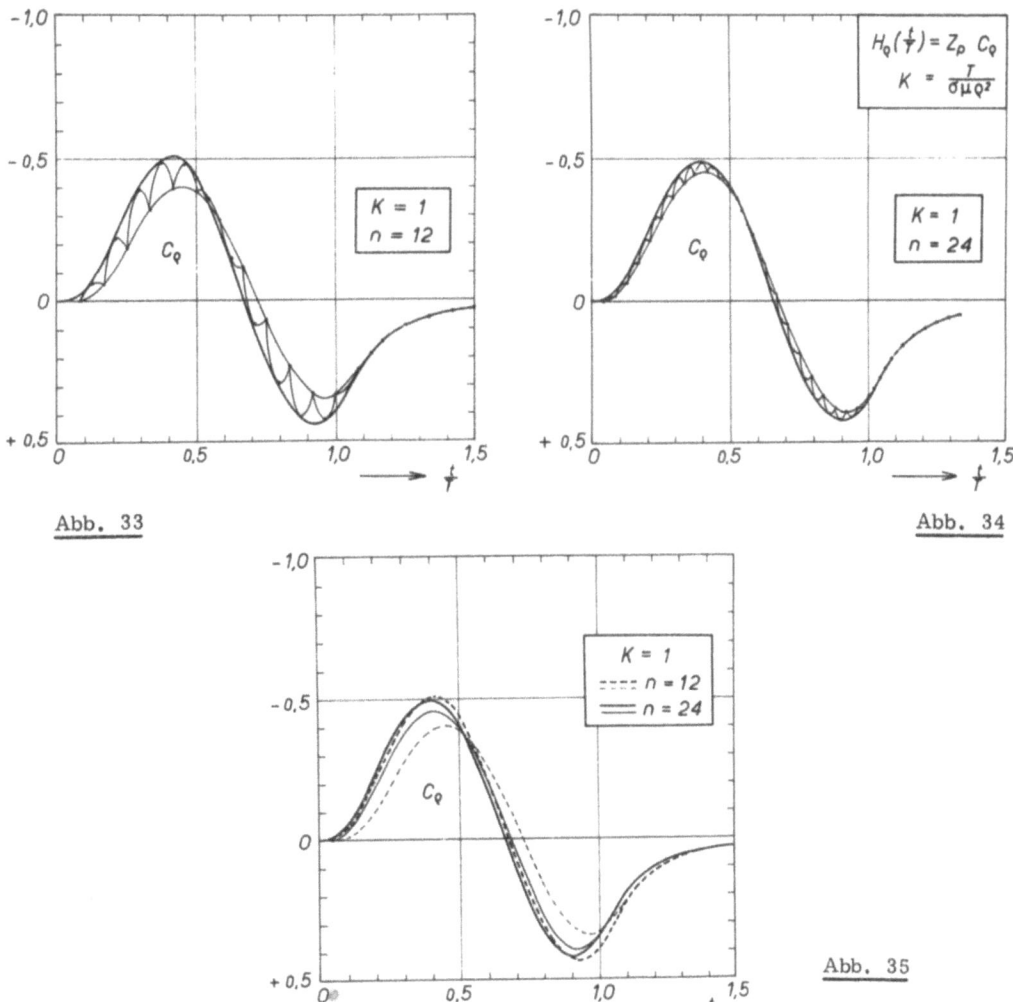

Abb. 33
Abb. 34
Abb. 35

§ 21   — 74 —

gute Näherungslösung angesehen werden kann. Für n = 12 ist sie noch etwas verfälscht dadurch, daß jetzt infolge des scharf ausgeprägten Maximums der Übergangsfunktion $C_\rho^E(\tau)$ (vgl. Abb. 23) die Höcker nicht mehr als deren genaues Abbild anzusehen sind und infolgedessen ohne Berechnung weiterer Punkte auch nicht mehr sehr genau gezeichnet werden können. Die Maxima der Höcker können insbesondere schon früher angenommen werden als sie bei einer genauen Abbildung von $C_\rho^E(\tau)$ zu erwarten sind, wodurch sich die linksseitige Umhüllende für n = 12 in Abb. 35 etwas nach links verschiebt. Eine genauere Bestimmung der einzelnen Höcker durch eine größere Zahl berechneter Zwischenwerte ist aber nicht notwendig, da diese Betrachtung nur zur Untersuchung der Güte der Annäherung dient. Natürlich besteht dieser Fehler in der linksseitigen Umhüllenden prinzipiell auch bei der Induktion der 24-stufigen Treppenfunktion. Er wird aber in dem Maße kleiner, in dem rechts- und linksseitige Umhüllende sich einander nähern.

Um die Güte der Annäherung nicht jedesmal gesondert untersuchen zu müssen, kann man auch hier wieder aus der Übergangsfunktion $C_\rho^E(\tau)$ (Abb. 23) eine hinreichende Bedingung dafür bestimmen, daß beide Umhüllenden der Induktionskurve für die Treppenfunktion nicht mehr sehr weit voneinander abweichen und die linksseitige Umhüllende dann die Induktion für die glatte Zeitfunktion in guter Näherung darstellt.

Man braucht nur für das Verhältnis K/n etwa einen Wert

$$K/n < 0,05 \qquad , \qquad (1)$$

zu nehmen, also bei gegebenem K die Anzahl n der Stufen der Treppenfunktion so zu wählen, daß etwa gilt

$$n > 20\,K \qquad . \qquad (2)$$

Diese Forderung ist bei dem Parameter K = 0,1 für n = 12 gut erfüllt (Abb. 36). Bei dem Parameter K = 10 ist die Bedingung (2) für n = 12 aber bei weitem nicht mehr erfüllt. Es ist wieder eine gesonderte Untersuchung mit einer mehrstufigen Treppenfunktion notwendig. Die Abb. 37 und 38 zeigen die Induktionskurven für eine 12- und 24-stufige Treppenfunktion sowie deren beidseitige Umhüllende, die in Abb. 39 noch einmal zusammen mit den Umhül-

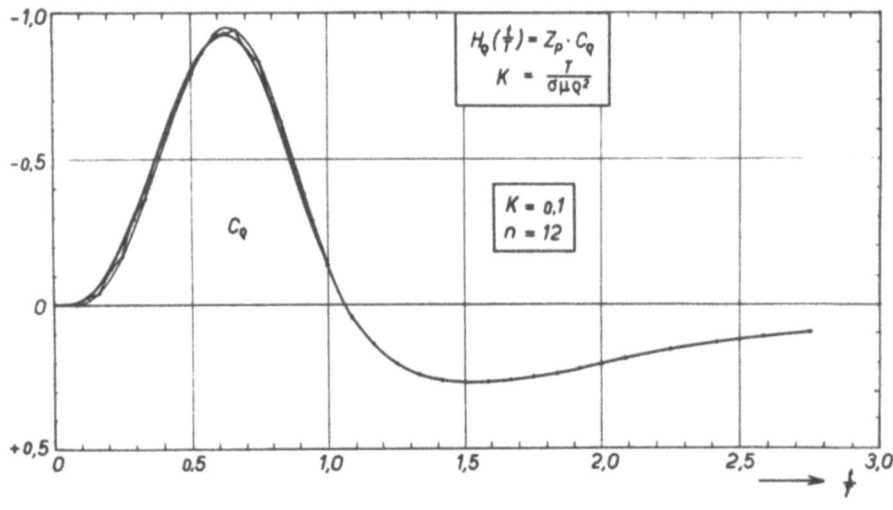

Abb. 36

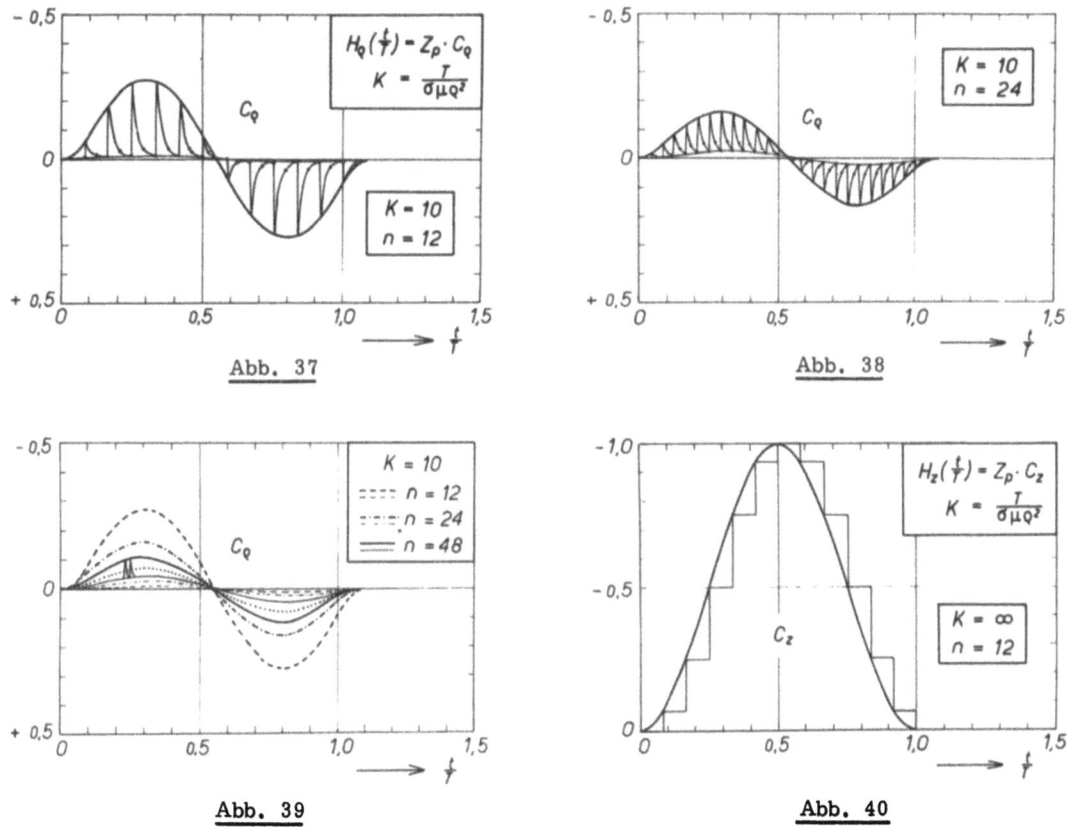

Abb. 37
Abb. 38
Abb. 39
Abb. 40

lenden der Induktion einer 48-stufigen Treppenfunktion gezeigt sind. Dabei ist zugleich ersichtlich, wie schlecht das graphische Verfahren konvergiert, wenn die Bedingung (2) - wie hier in allen drei Fällen - nicht erfüllt ist. Als endgültige Näherungslösung für die Induktion der baiförmigen Zeitfunktion (19.1) wurde deshalb eine mittlere Kurve zwischen den beiden Näherungslösungen für n = 48 genommen, die in Abb. 39 punktiert eingezeichnet ist.

Die Grenzfälle des Parameters K = 0 und K = ∞ lassen sich in einfacher Weise direkt behandeln. Aus Gleichung (18.10) folgt, da $C^E_{z,\rho}(0)$ und $C^E_\rho(\infty)$ verschwinden, ebenfalls das Verschwinden von $C_z(t/T)$ und $C_\rho(t/T)$ und damit des gesamten Feldes bei K = 0 sowie von $C_\rho(t/T)$ bei K = ∞. Da ferner für $C^E_z[(t/T - \lambda_{v+1}/T) \cdot K]$ gilt

$$C^E_z(K=\infty) = \begin{cases} -1 & \text{für } \frac{t}{T} > \frac{\lambda_{v+1}}{T} \\ 0 & \text{für } \frac{t}{T} < \frac{\lambda_{v+1}}{T} \end{cases}, \quad (3)$$

erhält man für die Induktionskurve der Treppenfunktion bei K = ∞ genau das Bild der Treppenfunktion selbst, allerdings mit negativem Vorzeichen der Amplitude (Abb. 40). Denkt man sich jetzt den Grad n der Unterteilung der Störungsdauer T immer mehr verfeinert, bis im Grenzübergang n → ∞ auf Seiten der Eingangsfunktion die Treppenfunktion in die glatte Zeitfunktion übergeht, so ist ersichtlich, daß man dann als Induktionskurve der glatten Zeitfunktion ebenfalls das Bild dieser Kurve selbst erhält, nur mit negativem Vorzeichen versehen. Das ist jedoch selbstverständlich, wenn man bedenkt, daß für feste Werte σ, μ und ρ einem K = ∞ eine Störungsdauer T = ∞ entspricht. Die Änderung des Dipolmomentes erfolgt dann so langsam, daß sich das Feld in jedem Augenblick verhält wie das Feld eines stationären Dipols. Diese Tatsache wird gerade durch die Übereinstimmung der Zeitfunktion des Dipols mit der negativen z-Komponente der Induktion bei verschwindender ρ -Komponente ausgedrückt.

§ 22. Diskussion des Magnetfeldes

a) Komponentendarstellung

Die in den §§ 20, 21 auf graphischem Wege ermittelten Induktionskurven C_z und C_ρ für die glatte Zeitfunktion F (t) der baiförmigen Störung (19.1) sind in Abb. 41 als Funktionen der "relativen Zeit" t/T mit dem Parameter

$$K = \frac{T}{\sigma \mu \rho^2} \qquad (1)$$

zusammen dargestellt. Das Magnetfeld selbst erhält man aus ihnen nach (18.11) wieder durch Multiplikation aller Amplitudenwerte mit

$$Z_p = \frac{p_m}{4 \pi \mu \rho^3} \qquad (2)$$

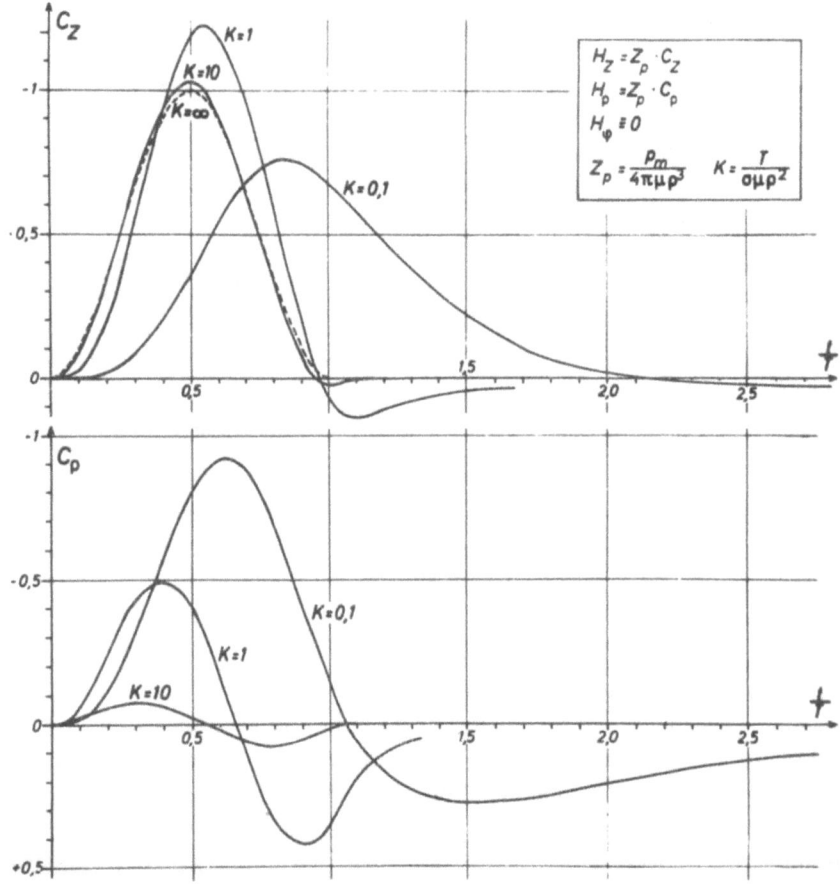

Abb. 41 : Induktionskurven für das Magnetfeld eines vertikalen magnetischen Dipols mit baiförmiger Zeitfunktion an der Oberfläche eines leitenden homogenen Halbraumes

Für $K = \infty$ besteht nach § 21 in jedem Augenblick das Feld eines stationären Dipols, dessen alleinige z-Komponente in Abb. 41 gestrichelt eingezeichnet ist. Da der Fall $K = \infty$ ebenfalls gegeben ist durch das Verschwinden der Leitfähigkeit ($\sigma = 0$), kennzeichnen die Abweichungen von den Kurven für $K = \infty$ auch hier wieder direkt den Einfluß des leitenden Halbraumes auf das induzierte Magnetfeld.

Für Werte des Parameters $K > 10$ werden die Abweichungen der Kurven von denen des stationären Falles $K = \infty$ so gering, daß sie vernachlässigt werden können. Der Dipol kann dann in erster Näherung in jedem Augenblick als stationär angesehen werden. Nach § 19 entspricht aber mit den speziellen Werten $\sigma = 10^{-2}\ \Omega^{-1}\ m^{-1}$ und $\mu = 10^{-6}$ V sec/A m einem $K > 10$ eine Störungsdauer $T > 10^{-1}$ sec für $\rho = 10^3$ m bzw. $T > 10^3$ sec für $\rho = 10^5$ m. Einen wesentlichen Einfluß auf das Magnetfeld übt der leitende Halbraum also nur unterhalb dieser Schranken für die Störungsdauer T aus.

Weiter ist der Abb. 41 zu entnehmen, daß sich sämtliche Extremwerte, Wendepunkte und Nullstellen der Funktionen $C_z(t/T)$ und $C_\rho(t/T)$ mit abnehmenden Werten des Parameters K nach größeren Abszissenwerten t/T verschieben. Die Kurvenbilder werden immer weiter auseinandergezogen, bis für $K = 0$ beide Komponenten mit der gesamten Abszissenachse zusammenfallen.

b) Feldvektoren und Vektogramme des Magnetfeldes

Durch vektorielle Addition der vertikalen und horizontalen Komponenten des Magnetfeldes können mit Hilfe der Kurven für $C_z(t/T)$ und $C_\rho(t/T)$ aus Abb. 41 die Feldvektoren gezeichnet werden, genauer die vektoriellen Größen

$$\vec{C} = \vec{C_z} + \vec{C_\rho} \quad , \qquad (3)$$

durch die das Feld selbst wieder durch Multiplikation mit Z_p bestimmt wird:

$$\vec{H} = Z_p \cdot \vec{C} \quad . \qquad (4)$$

Im linken Teil der Abb. 42 sind diese Feldvektoren in Abhängigkeit von t/T für die drei untersuchten Werte des Parameters $K = 10; 1; 0,1$ dargestellt. Der Fall $K = \infty$, der der stationären Behandlung des Dipols entspricht, ist jeweils angedeutet durch eine gestrichelte Linie, der negativen Zeitfunktion, auf der die Endpunkte der sämtlich vertikal gerichteten Feldvektoren liegen und die wiederum den Einfluß des leitenden Halbraumes auf das induzierte Magnetfeld erkennen läßt.

Da bei gegebenen Werten für T, μ und σ einem festen K ein fester Wert des Abstandes ρ, also ein fester Ort, entspricht, ist es wieder sinnvoll, die Änderung des Feldes nach Richtung und Größe sowie die Änderungsgeschwindigkeit in einem Vektogramm zu veranschaulichen, in dem alle Vektoren $\vec{C}$ von einem festen Punkt aus abgetragen werden (vgl. § 16 c). Es ist im rechten Teil der Abb. 42 jeweils neben dem betreffenden Diagramm der Feldvektoren eingezeichnet. Die Änderungsgeschwindigkeit des Feldvektors ist wieder aus der Länge des Bogens im Vektogramm zwischen äquidistanten Werten des Parameters t/T zu erkennen.

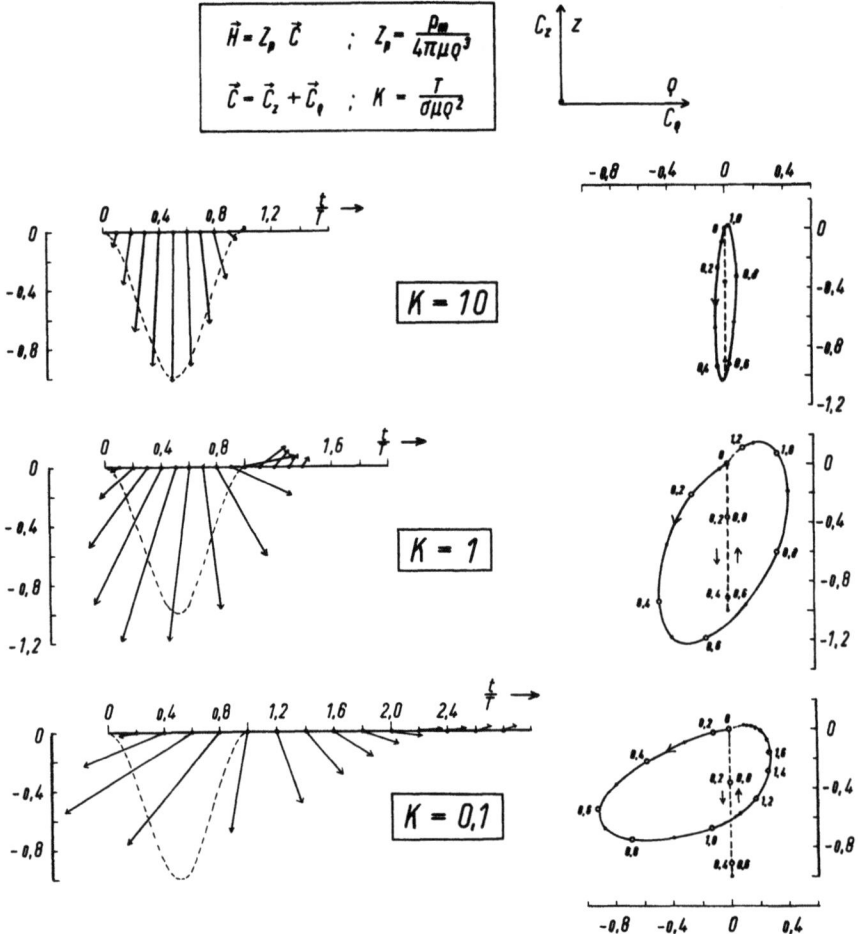

Abb. 42 : $\vec{C}$ in Abhängigkeit von t/T (links) und die entsprechenden Vektogramme für $\vec{C}$ mit dem Parameter t/T (rechts) bei verschiedenen Werten von K. Der Dipol ist jeweils links vom Schaubild zu denken.

Solche im Abstand t/T = 0,2 sind durch kleine Kreise, die Zwischenwerte im Abstand t/T = 0,1 durch Punkte angegeben. Das Vektogramm eines in jedem Augenblick stationär zu behandelnden Dipols ist jeweils wieder gestrichelt mit eingezeichnet: ein einmaliger Hin- und Hergang des Feldvektors zum Punkte $C_z = -1$ und zurück.

c) Räumliche Verteilung des Feldes

Aus den Diagrammen der Feldvektoren in Abb. 42 läßt sich das Feld ebenfalls darstellen in Abhängigkeit von

$$\frac{1}{\sqrt{K}} = \sqrt{\frac{\sigma\mu}{T}}\,\rho \tag{5}$$

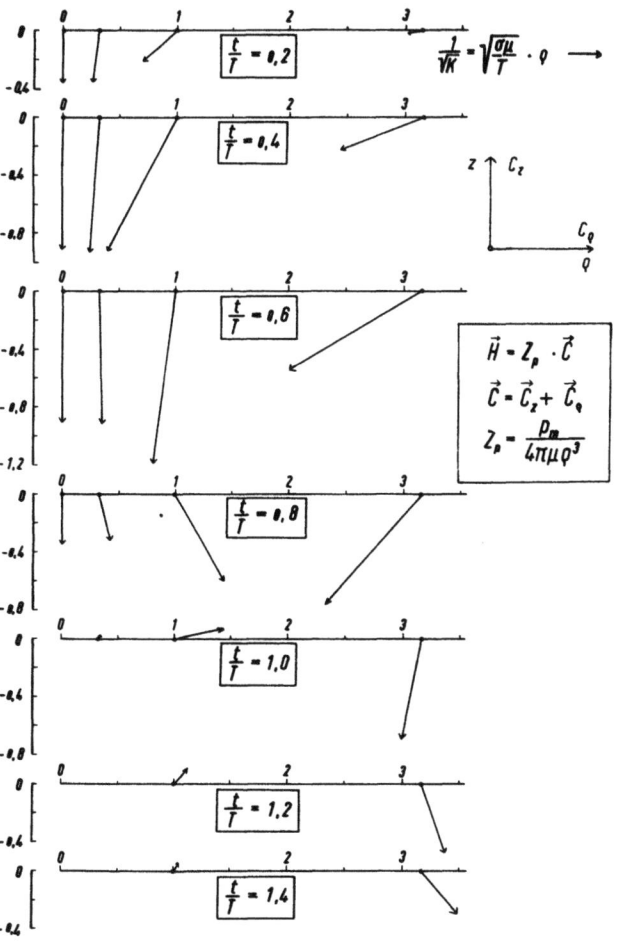

Abb. 43: $\vec{C}$ in Abhängigkeit von $\frac{1}{\sqrt{K}} = \sqrt{\frac{\sigma\mu}{T}}\rho$ für verschiedene Werte von t/T

d.h. bei festen Werte σ, μ und T in Abhängigkeit vom Abstand ρ vom Dipol, jeweils für eine bestimmte Zeit t/T (Abb. 43). Dabei erhält man aber in jedem Fall, entsprechend den vier untersuchten Werten für K, auch nur höchstens vier Vektoren, und zwar für K = ∞; 10; 1 und 0,1 bei $1/\sqrt{K}$ = 0; 0,316; 1; 3,16. Dennoch ist aus Abb. 31 bei Beachtung der Radialsymmetrie des Feldes recht gut ersichtlich, daß die räumliche Ausbreitung des Feldes in Form einer ringförmig vom Dipol ausgehenden "vektoriellen Wellengruppe" geschieht, deren Gruppengeschwindigkeit dem Produkt $\sqrt{\sigma\mu T}$ umgekehrt proportional ist und bei der sowohl Amplituden als auch Richtungen der Feldvektoren zeitlich veränderlich sind.

Die stationäre Behandlung des Dipols wird in dieser Darstellung beschrieben durch den jeweils für alle Abszissenwerte eines Diagrammes konstanten Feldvektor bei $1/\sqrt{K}$ = 0. Die Abnahme des Feldes mit wachsendem Abstand ρ wird dann allein durch den Faktor Z_p bestimmt, der auch hier wieder nach Gleichung (4) erst die wahre Amplitude des Feldes vermittelt.

Den vom gesamten Halbraum herrührenden inneren Anteil des Gesamtfeldes erhält man, wie beim Streufeld (§ 11 d), durch geometrische Subtraktion des primären Dipolfeldes im Vakuum von den Feldvektoren des Gesamtfeldes. Eine Trennung von innerem und äußerem Anteil kann wieder dazu dienen, den Einfluß des leitenden Halbraumes auf das Gesamtfeld zu veranschaulichen bzw. Kenntnis zu gewinnen über die ionosphärische Stromverteilung. Bei bekannter Stromverteilung wäre eine Trennung zum Zwecke geomagnetischer Tiefensondierung nach § 11 d nicht notwendig.

§ 23. Zusammenhang zwischen Vektogrammen und Feldellipsen

Die Darstellung des Feldvektors in Abhängigkeit vom Abstand ρ vom Dipol in Abb. 43 gibt ein anschauliches Bild von der momentanen räumlichen Verteilung des Feldes. Die Darstellung in den Vektogrammen der Abb. 42 dagegen veranschaulicht jeweils für einen festen Ort die zeitliche Änderung des Feldes. Sie ist in manchem zu vergleichen mit der Darstellung des Feldes durch Feldellipsen beim harmonisch oszillierenden Dipol, die ja ebenfalls jeweils für einen festen Ort die zeitliche Änderung des Feldvektors während einer Schwingungsperiode darstellen.

Beiden gemeinsam ist eine Drehung der Ellipsen und Vektogramme im Uhrzeigersinn bei Zunahme des Quotienten $\sigma\mu\rho^2/T$, also bei Zunahme von $R = \sqrt{\sigma\mu\omega}\,\rho$ (mit $\omega = 2\pi/T$) oder Abnahme von $K = T/\sigma\mu\rho^2$. Dabei bedeutet die Größe T bei harmonischen Schwingungen die Periode und bei unperiodischer Zeitfunktion die Störungsdauer, die bei fortwährender Wiederholung der Störung natürlich der Periode einer Schwingung entspricht.

Es ist also zu erwarten, daß die Vektogramme bei fortwährender Wiederholung der aperiodischen Störung, also beim Übergang zu periodischen Schwingungen des Dipols mit der Periode der Störungsdauer T, in deren Feldellipsen übergehen. Dann aber müssen sie etwa in den Grenzen $0 < t/T < 1$ für nicht zu kleine Werte von K bereits annähernd Ellipsengestalt haben. Dies ist nach Abb. 42 in der Tat der Fall.

Unter Berücksichtigung der ursprünglich unterschiedlichen Bedeutung der Größe T für periodische und unperiodische Zeitfunktionen gilt ferner die Beziehung

$$R \triangleq \sqrt{\frac{2\pi}{K}} \quad . \tag{1}$$

Daraus folgt, daß bei unperiodischer Zeitfunktion die Vektogramme für $K = 0{,}1;\ 1;\ 10;\ \infty$ den Feldellipsen für $R = 7{,}92;\ 2{,}51;\ 0{,}793;\ 0$ bei periodischen Schwingungen entsprechen und daß genau diese beim Übergang zu periodischen Schwingungen ineinander übergehen (vgl. Abb. 5 und 42). Es lassen sich hier allerdings nur Richtungen und Achsenverhältnisse der Ellipsen und ellipsenartigen Vektogramme vergleichen, da Amplituden und Lagen zum Schwingungsmittelpunkt infolge verschiedener Amplituden und Anfangslagen der Zeitfunktionen ebenfalls verschieden sind. Mit kleiner werdendem K macht sich ebenfalls das Fehlen der Nachwirkungen vorangegangener Perioden bei den Vektogrammen für die unperiodische Zeitfunktion stärker bemerkbar.

Mit diesen Betrachtungen ist nicht nur das Verfahren zur Ermittlung der Induktion bei unperiodischer Zeitfunktion anhand einer baiförmigen Störung beschrieben, sondern zugleich deren Beziehung zur Induktion bei periodischer Zeitfunktion gezeigt worden.

Bei der Behandlung der Induktion bei periodischer wie bei unperiodischer Zeitfunktion des Dipols wurden allerdings bisher nur harmonische Funktionen benutzt. Der Übergang zur Induktion bei beliebiger anharmonischer Zeitfunktion bietet aber bei periodischen Schwingungen durch Superposition von Lösungen für harmonische Zeitfunktionen nach dem FOURIER-Theorem keine Schwierigkeit und erfordert bei unperiodischer Zeitfunktion keinerlei Abänderung des in diesem Kapitel beschriebenen Verfahrens.

VI. Dipol mit rampenförmiger Zeitfunktion

§ 24. Die Rampenfunktion

Unstetige Vorgänge, deren Zeitabhängigkeit durch den Einheitssprung E (t) gegeben ist, kommen in der Natur nicht vor. Jeder Übergang von einem stationären Zustand in einen anderen kann im einfachsten Falle als linear betrachtet und durch eine "Rampenfunktion" R (t) beschrieben werden in der Form

$$R(t) = \begin{cases} 0 & \text{für } t \leq 0 \\ t/t_1 & \text{für } 0 \leq t \leq t_1 \\ 1 & \text{für } t \geq t_1 \end{cases} \qquad , \qquad (1)$$

wobei der Parameter t_1 die Übergangszeit zwischen den beiden stationären Zuständen ist und die Steigung der Funktion R (t) kennzeichnet (Abb. 44).

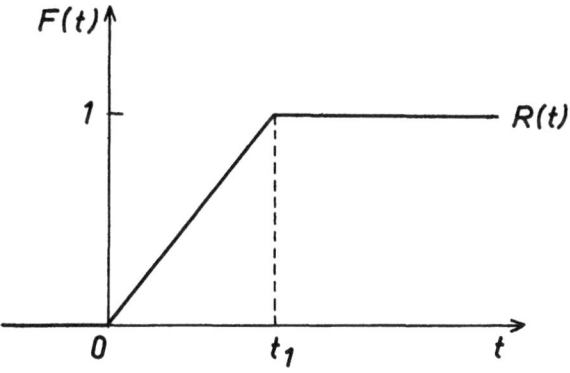

Abb. 44 : Rampenfunktion R (t) mit dem Parameter t_1

Mit $t_1 \to 0$ nähert sich die Rampenfunktion beliebig nahe dem Einheitssprung $E(t)$ und ist für $t_1 = 0$ mit ihr identisch. In diesem Sinne kann die Induktion eines Dipols mit rampenförmiger Zeitfunktion als eine Verallgemeinerung der Übergangsfunktionen (vgl. § 13) angesehen werden. Sie wird im folgenden jeweils durch einen oberen Index R angedeutet, z.B. $H_z^R(t)$ und $H_\rho^R(t)$.

§ 25. Vertikale Komponente des Magnetfeldes

Nach den Ausführungen des § 13 erhält man die Lösung im Bildraum der LAPLACE-Transformation als Produkt des "Übertragungsfaktors" und der LAPLACE-Transformierten der Eingangsfunktion $F(t)$, die im speziellen Falle der Rampenfunktion $R(t)$ mit $t_1 \neq 0$ gegeben ist [x]) als

$$r(s) = \frac{1 - e^{-st_1}}{s^2 t_1} \qquad . \tag{1}$$

Für die LAPLACE-Transformierte der z-Komponente des Magnetfeldes ergibt sich also nach (13.1)

$$h_z^R(s) = Z_p \frac{1}{\gamma^2 \rho^2}\left[(18 + 18\gamma\rho + 8\gamma^2\rho^2 + 2\gamma^3\rho^3)e^{-\gamma\rho} - 18\right]\frac{1-e^{-st_1}}{s^2 t_1} \tag{2}$$

mit

$$Z_p = \frac{p_m}{4\pi\mu\rho^3} \tag{3}$$

und

$$\gamma^2 = \sigma\mu s \qquad . \tag{4}$$

Die Rücktransformation der Gleichung (2) erfolgt wieder mit den Substitutionen

$$\sigma\mu\rho^2 s = s' \qquad , \tag{5}$$

$$\frac{t}{\sigma\mu\rho^2} = \tau \tag{6}$$

durch eine inverse LAPLACE-Transformation der Form (18.10) mit den Variablen τ und s' und der Bildgleichung

$$h_z^R(s') = Z_p \frac{1-e^{-s'\tau_1}}{s'^3 \tau_1}\left[(18 + 18\sqrt{s'} + 8s' + 2s'^{3/2})e^{-\sqrt{s'}} - 18\right]. \tag{7}$$

---
[x]) vgl. [6] S. 155

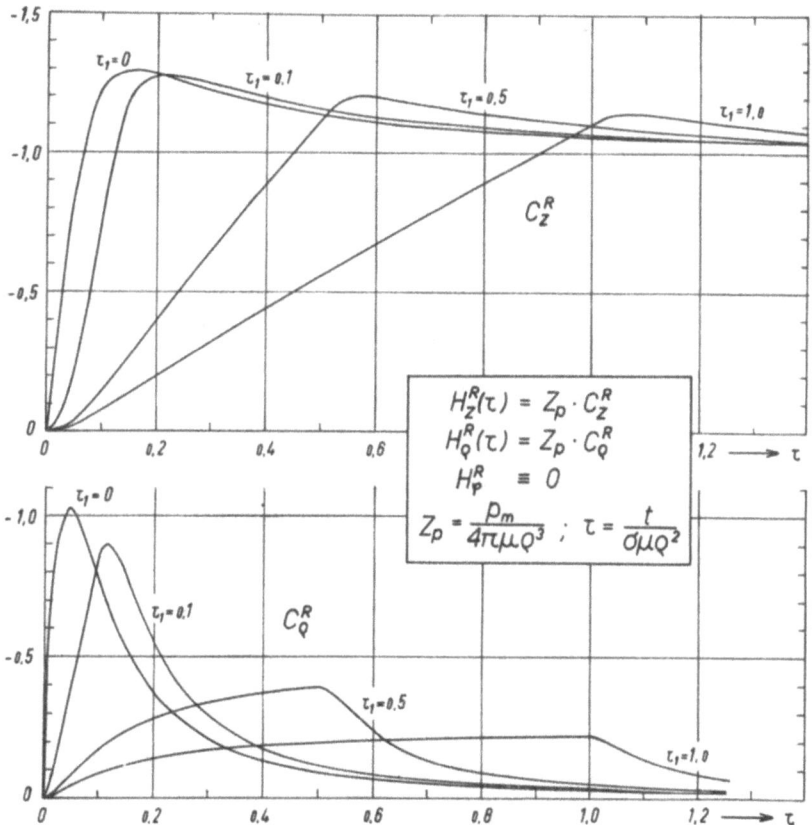

Abb. 45: Verallgemeinerte Übergangsfunktionen für das Magnetfeld eines vertikalen magnetischen Dipols mit rampenförmiger Zeitfunktion an der Oberfläche eines leitenden, homogenen Halbraumes.

Der Parameter t_1 der Rampenfunktion $R(t)$ geht dabei nach Gleichung (6) ebenfalls über in den neuen Parameter τ_1 der Funktion $R(\tau)$:

$$\tau_1 = \frac{t_1}{\sigma \mu \rho^2} \qquad (8)$$

Aus Gleichung (7) ist bei Beachtung der Linearität der LAPLACE-Transformation und dem ersten Verschiebungssatz ([7] S. 41) ersichtlich, daß die Originalfunktion in der Form geschrieben werden kann

$$H_z^R(\tau) = \frac{Z_p}{\tau_1} \left[A(\tau) \cdot E(\tau) - A(\tau - \tau_1) \cdot E(\tau - \tau_1) \right] , \qquad (9)$$

wobei die LAPLACE-Transformierte von $A(\tau)$ gegeben ist durch

$$\mathcal{L}\{A(\tau)\} = 18 \frac{e^{-\sqrt{s'}}}{s'^3} + 18 \frac{e^{-\sqrt{s'}}}{s'^{5/2}} + 8 \frac{e^{-\sqrt{s'}}}{s'^2} + 2 \frac{e^{-\sqrt{s'}}}{s'^{3/2}} - 18 \frac{1}{s'^3} . \qquad (10)$$

Die Faktoren $E(\tau)$ und $E(\tau - \tau_1)$ sind hinzugefügt worden, da die Originalfunktionen für negative Werte des Argumentes verschwinden müssen.

Durch gliedweise Rücktransformation der Gleichung (10) in den Originalraum ergibt sich (vgl. Anhang III)

$$A(\tau) = (-\frac{1}{4} - \tau) + (\tau + \frac{1}{4} - 9\tau^2) \, \text{erf}\,(\frac{1}{2\sqrt{\tau}}) + (\frac{9}{2}\tau^{3/2} + \frac{1}{4}\tau^{1/2}) \, \text{erf'}\,(\frac{1}{2\sqrt{\tau}}) \,. \tag{11}$$

Das Magnetfeld $H_z^R(\tau)$ kann nach Gleichung (9) wieder in multiplikativer Form geschrieben werden:

$$H_z^R(\tau) = Z_p \cdot C_z^R \tag{12}$$

wobei C_z^R eine reelle, dimensionslose Funktion der "numerischen Zeit" τ ist, die auch hier wieder den Einfluß des leitenden Halbraumes auf das Feld bei $z = 0$ angibt und von der Gestalt ist

$$C_z^R = \frac{1}{\tau_1} \left[A(\tau) \cdot E(\tau) - A(\tau - \tau_1) \cdot E(\tau - \tau_1) \right] \tag{13}$$

oder, ausführlich geschrieben:

$$C_z^R = \begin{cases} 0 & \text{für } \tau \leqq 0 \\ \frac{1}{\tau_1} A(\tau) & \text{für } 0 \leqq \tau \leqq \tau_1 \\ \frac{1}{\tau_1} \left[A(\tau) - A(\tau - \tau_1) \right] & \text{für } \tau_1 \leqq \tau \end{cases} \tag{14}$$

Die Funktion $A(\tau)$ selbst ist gegeben durch Gleichung (11).

Im oberen Teil der Abb. 45 ist C_z^R für verschiedene Werte von τ_1 graphisch dargestellt. Eine allgemeine Diskussion der Kurven erfolgt im Anschluß an die Berechnung der horizontalen Komponente des Magnetfeldes (§ 27).

§ 26. Horizontale Komponente des Magnetfeldes

Für die LAPLACE-Transformierte der ρ-Komponente des Magnetfeldes ergibt sich nach § 13 aus (13.2) und (25.1)

$$h_\rho^R(s) = Z_p \left[(-16 - \gamma^2 \rho^2) I_1 K_1 + \gamma^2 \rho^2 I_0 K_0 - 4\gamma\rho (I_1 K_0 - I_0 K_1) \right] \frac{1 - e^{-st_1}}{s^2 t_1} \tag{1}$$

mit $\qquad Z_p = \frac{p_m}{4\pi\mu\rho^3} \quad (2) \qquad$ und $\qquad \gamma^2 = \sigma\mu s \qquad . \tag{3}$

Die Argumente der modifizierten BESSEL- und HANKEL-Funktionen ($\frac{1}{2}\gamma\rho$) sind der besseren Übersicht halber jeweils wieder fortgelassen worden.

Die Rücktransformation der Gleichung (1) erfolgt ebenfalls wieder mit Hilfe der Substitutionen

$$\sigma \mu \rho^2 s = s' \qquad , \qquad (4)$$

$$\frac{t}{\sigma \mu \rho^2} = \tau \qquad , \qquad (5)$$

durch eine neue LAPLACE-Transformation der Form (14.10) mit der Variablen τ und s' und der Bildgleichung

$$h_\rho^R (s') = \frac{Z_p}{\tau_1} \frac{1-e^{-s'\tau_1}}{s'^2} \left[-16 I_1 K_1 - s' I_1 K_1 + s' I_0 K_0 - 4\sqrt{s'} (I_1 K_0 - I_0 K_1) \right] . \qquad (6)$$

Die Argumente der Funktionen I_0, I_1, K_0, K_1 sind gemäß (3) und (4) jetzt $\frac{1}{2}\sqrt{s'}$, τ_1 ist der Parameter der Rampenfunktion $R(\tau)$:

$$\tau_1 = \frac{t_1}{\sigma \mu \rho^2} \qquad . \qquad (7)$$

Wie bei der vertikalen Komponente (§ 25), so ist auch hier aus der Bildgleichung (6) bereits ersichtlich, daß die Originalfunktion geschrieben werden kann in der Form

$$H_\rho^R (\tau) = \frac{Z_p}{\tau_1} \left[B(\tau) \cdot E(\tau) - B(\tau-\tau_1) \cdot E(\tau-\tau_1) \right] \qquad , \qquad (8)$$

wobei die Sprungfunktionen $E(\tau)$ und $E(\tau-\tau_1)$ wieder als Faktoren hinzugefügt sind, um die Originalfunktionen für negative Werte des Argumentes notwendig zum Verschwinden zu bringen. Die LAPLACE-Transformierte von $B(\tau)$ ist nach Gleichung (6) gegeben durch

$$\mathcal{L}\{B(\tau)\} = -\frac{16}{s'^2} I_1 K_1 - \frac{1}{s'} I_1 K_1 + \frac{1}{s'} I_0 K_0 - \frac{4}{s'^{3/2}} (I_1 K_0 - I_0 K_1) \qquad . \qquad (9)$$

Durch gliedweise Rücktransformation in den Originalraum erhält man (vgl. Anhang III)

$$B(\tau) = -4\tau \, e^{-\frac{1}{8\tau}} I_1 \left(\frac{1}{8\tau}\right) \qquad . \qquad (10)$$

Das Magnetfeld H_ρ^R kann nach Gleichung (8) ebenfalls wieder in multiplikativer Form geschrieben werden

$$H_\rho^R (\tau) = Z_p \cdot C_\rho^R \qquad . \qquad (11)$$

wobei C_ρ^R eine reelle, dimensionslose Funktion von τ ist, die den Einfluß des leitenden Halbraumes auf das Magnetfeld bei $z = 0$ gegenüber dem Feld im Vollraum bei verschwindender Leitfähigkeit angibt. Sie hat die Gestalt

$$C_\rho^R = \frac{1}{\tau_1} \left[B(\tau) \cdot E(\tau) - B(\tau-\tau_1) \cdot E(\tau-\tau_1) \right] \qquad , \qquad (12)$$

oder, ausführlich geschrieben,

$$C_\rho^R = \begin{cases} 0 & \text{für } \tau \leqq 0 \\ \dfrac{1}{\tau_1} B(\tau) & \text{für } 0 \leqq \tau \leqq \tau_1 \\ \dfrac{1}{\tau_1} \left[B(\tau) - B(\tau - \tau_1) \right] & \text{für } \tau_1 \leqq \tau \end{cases} \qquad (13)$$

Die Funktion $B(\tau)$ selbst ist durch Gleichung (10) gegeben. Im unteren Teil der Abb. 45 ist C_ρ^R für verschiedene Werte des Parameters τ_1 aufgetragen.

Für die φ -Komponente des Magnetfeldes gilt ebenfalls wieder nach (6.23):

$$H_\varphi^R \equiv 0 \qquad . \qquad (14)$$

§ 27. Diskussion des Magnetfeldes

a) Graphische Darstellung

Die Abb. 45 stellt die Induktionskurven des magnetischen Dipols für eine rampenförmige Zeitfunktion dar, die im Sinne von § 24 "verallgemeinerten Übergangsfunktionen" C_z^R und C_ρ^R. Auf der Ordinate ist jeweils der Zahlenwert der Funktion aufgetragen, auf der Abszisse die "numerische Zeit"

$$\tau = \frac{t}{\sigma \mu \rho^2} \qquad , \qquad (1)$$

Parameter der Kurvenschar ist die "numerische Übergangszeit"

$$\tau_1 = \frac{t_1}{\sigma \mu \rho^2} \qquad . \qquad (2)$$

Aufgetragen sind die Induktionskurven für $\tau_1 = 1;\ 0,5;\ 0,1$ und 0. Dabei entsprechen bei mittleren Werten $\sigma = 10^{-2}\ \Omega^{-1}\ m^{-1}$ und $\mu = 10^{-6}$ V sec/A m mit $\rho = 10^3$ m, bzw. für ionosphärische Abmessungen $\rho = 10^5$ m, diesen Werten von τ_1 die Werte t_1 der wahren Übergangszeit nach folgender Tabelle:

$\tau_1 \diagdown \rho$	10^3 m (Angew. Geoelektr.)	10^5 m (Erdmagn. Var.)
1	10^{-2} sec	100 sec
0,5	$5 \cdot 10^{-3}$ sec	50 sec
0,1	10^{-3} sec	10 sec
0	0 sec	0 sec

<u>Tab. 2</u>: Wahre Übergangszeiten t_1 (sec) für einige Werte des Parameters τ_1 bei zwei verschiedenen Lineardimensionen ρ.

Die Kurven C_z^R und C_ρ^R für $\tau_1 = 0$ entsprechen einem momentanen Übergang von einem stationären Zustand in einen anderen (vgl. § 24), sind also wieder die eigentlichen Übergangsfunktionen C_z^E und C_ρ^E für den Einheitssprung des Dipolmomentes (Abb. 23). Die Komponentendarstellung dieser Funktionen, insbesondere der Abszissenmaßstab τ, ist in § 16 a bereits ausführlich behandelt worden und erfordert für die Induktionskurven bei rampenförmiger Zeitfunktion keinerlei Abänderung.

Aus den Kurven der Abb. 45 für C_z^R und C_ρ^R läßt sich bei bekannter Leitfähigkeit σ und Permeabilität μ des Halbraumes das Magnetfeld an der Oberfläche $z = 0$ bei rampenförmiger Zeitfunktion des Dipols für jede Zeit t in jedem Abstand ρ vom Dipol bestimmen.

b) Verhalten des Feldes in speziellen Fällen

Der Abb. 45 ist zu entnehmen, daß sich die Extremwerte der Kurven für C_z^R und C_ρ^R mit wachsendem Parameter τ_1 sämtlich zu größeren Abszissenwerten verschieben, unter gleichzeitiger Abnahme ihrer absoluten Beträge. Für sehr große Werte von τ_1 wird die horizontale Komponente C_ρ^R vernachlässigbar klein gegenüber der vertikalen Komponente C_z^R, deren Kurve sich immer mehr der (negativen) rampenförmigen Zeitfunktion nähert: Die sekundäre Erregung verschwindet, das Feld verhält sich in jedem Augenblick wie das Feld eines stationären Dipols vom Moment p_m.

Das Verhalten des Feldes beim Anwachsen des Parameters τ_1 der Rampenfunktion ist also gleich seinem Verhalten bei Zunahme der Variablen τ, wie es für $\tau_1 = 0$ in § 16 b beschrieben wurde, hier aber auch für alle anderen Werte von τ_1 gilt. Eine gesonderte Untersuchung des Falles $\rho \to 0$ ist ebenfalls nicht mehr notwendig, da die Abnahme der Funktionen C_ρ^R für $\tau > \tau_1$ zunächst sogar stärker, dann von der gleichen Ordnung ist wie bei $C_\rho^E \equiv C_\rho^R (\tau_1 = 0)$.

Für $\tau \to 0$ lassen sich die Ausführungen in § 16 b für $\tau_1 = 0$ ebenfalls auf alle anderen Werte von τ_1 übertragen: für $\rho \neq 0$ kann in jedem Fall überhaupt kein Magnetfeld existieren.

Mit den asymptotischen Entwicklungen der Fehler- und Zylinderfunktionen für große Werte der Argumente $(1/(2\sqrt{\tau}))$ und $(1/8\tau)$, entsprechend kleinen Werten für τ selbst (vgl. Anhang IV), erhält man die Reihendarstellungen der Funktionen C_z^R und C_ρ^R für $\tau \ll 1$ nach (25.11, 13) und (26.10, 12):

$$C_z^R = -9 \frac{\tau^2}{\tau_1} - \frac{2}{\sqrt{\pi}} e^{-\frac{1}{4\tau}} \frac{1}{\tau_1} (3\sqrt{\tau} - 6\tau - 4 \tau^{3/2} - 11 \tau^{5/2} - 18 \tau^{7/2} \pm \ldots), \qquad (3)$$

$$C_\rho^R = - \frac{8}{\sqrt{\pi}} \frac{\tau^{3/2}}{\tau_1} (1 - 3\tau - \frac{15}{2} \tau^2 - \ldots) \qquad . \qquad (4)$$

Daraus folgt für die Steigung der Kurven C_z^E und C_ρ^E im Punkte $\tau = 0$

$$\left[\frac{dC_z^R}{d\tau} \right]_{\tau=0} = 0 \qquad \text{für } \tau_1 \neq 0 \qquad , \qquad (5)$$

$$\lim_{\substack{\tau \to 0 \\ \tau_1 \to 0}} \left(\frac{d C_z^R}{d\tau} \right) = -18 \qquad , \qquad (6)$$

$$\left[\frac{d C_\rho^R}{d\tau} \right]_{\tau = 0} = 0 \qquad \text{für } \tau_1 \neq 0 \qquad , \qquad (7)$$

$$\lim_{\substack{\tau \to 0 \\ \tau_1 \to 0}} \left(\frac{d C_\rho^R}{d\tau} \right) = -\infty \qquad . \qquad (8)$$

Für das Verhältnis der ρ- und z-Komponente des Magnetfeldes bei $\tau \ll 1$ ergibt sich:

$$\frac{H_\rho^R}{H_z^R} = \frac{C_\rho^R}{C_z^R} = \frac{8}{9\sqrt{\pi}} \frac{1}{\sqrt{\tau}} \qquad . \qquad (9)$$

Bei kleiner werdendem τ wird also auch bei einer Rampenfunktion mit beliebigem Parameter τ_1 als Zeitfunktion des Dipols, genau wie beim Einheitssprung des Dipolmomentes, die horizontale Komponente des Feldes gegenüber der vertikalen Komponente immer mehr überwiegen und für $\tau \to 0$ das Feld eine horizontale Richtung annehmen.

c) Vektogramme des Magnetfeldes

Wie bei den eigentlichen Übergangsfunktionen C_z^E und C_ρ^E (§ 16 c), so können auch bei den Induktionskurven der Rampenfunktion, den verallgemeinerten Übergangsfunktionen, aus der Komponentendarstellung der Kurven C_z^R und C_ρ^R (Abb. 45) durch deren vektorielle Addition die Feldvektoren gezeichnet werden, genauer die vektoriellen Größen

$$\overrightarrow{C^R} = \overrightarrow{C_z^R} + \overrightarrow{C_\rho^R} \qquad , \qquad (10)$$

durch die das Magnetfeld selbst wieder durch Multiplikation mit $Z_p = p_m/(4\pi\mu\rho^3)$ bestimmt wird:

$$\overrightarrow{H^R} = Z_p \cdot \overrightarrow{C^R} \qquad . \qquad (11)$$

Diese Vektoren, von einem festen Punkt aus abgetragen, ergeben die Vektogramme für $\overrightarrow{C^R}$, jeweils für einen bestimmten Wert von τ_1 (Abb. 46). Sie vermitteln wieder für einen festen Ort ρ und konstante Werte σ, μ ein anschauliches Bild von der Drehung des Feldvektors sowie seiner Änderungsgeschwindigkeit. Die Punkte für die äquidistanten Werte $\tau = 0,1$; $0,2$; ... sind durch kleine Kreise angedeutet. Man sieht, daß mit wachsendem τ_1 die Vektogramme immer langsamer vom Feldvektor durchlaufen werden und für $\tau_1 = \infty$ das Feld erst im Unendlichen selbst in den neuen stationären Zustand übergeht. Das Vektogramm für $\tau_1 = \infty$ entspricht zugleich dem Vektogramm, das eine stationäre Behandlung des Dipols be-

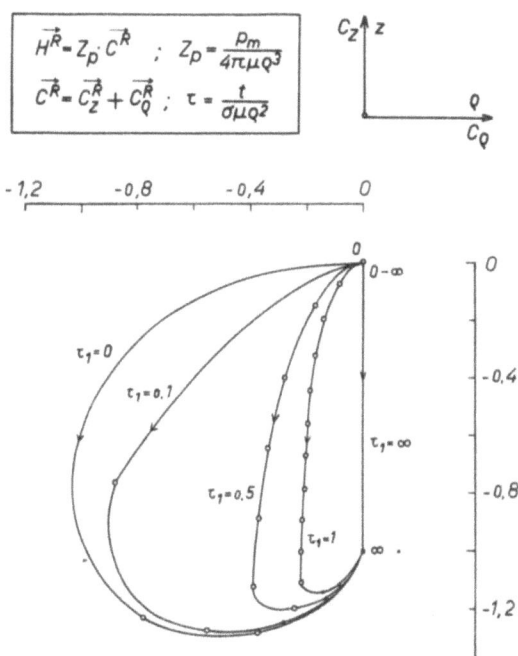

Abb. 46: Vektogramme für $\vec{C^R}$ mit dem Parameter τ für verschiedene Werte von τ_1.

schreibt, wenn also der Feldvektor $\vec{C_z^R}$ bei verschwindendem $\vec{C_\rho^R}$ in jedem Augenblick gleich dem Negativen der Zeitfunktion ist. Das gesamte Vektogramm wird dann vom Feldvektor mit konstanter Geschwindigkeit in der "numerischen Zeit" von $\tau = 0$ bis $\tau = \tau_1$ durchlaufen.

Die Richtung des maximalen Betrages des Feldvektors ist im Bereich $0 \leqq \tau_1 \leqq 0,1$ nahezu gleich derjenigen für $\tau_1 = 0$. Bei größeren Werten von τ_1, entsprechend langsameren Änderungen, sind die Abweichungen des maximalen Feldvektors von der Vertikalen geringer als bei kurzzeitiger oder momentaner Änderung. Derartige Betrachtungen können möglicherweise von Bedeutung sein bei Problemen der remanenten Magnetisierung von Gesteinen.

§ 28. Anwendung für die Induktion bei beliebiger Zeitfunktion des Dipols

a) Allgemeines Näherungsverfahren

Die eigentlichen Übergangsfunktionen H_z^E und H_ρ^E dienten dazu, die Induktion eines magnetischen Dipols bei ganz beliebiger Zeitfunktion zu berechnen. Dazu wurde diese genähert dargestellt durch eine Linearkombination von Einheitssprüngen, die glatte Eingangsfunktion ersetzt durch eine Treppenfunktion, deren Umhüllende sie war (§ 17).

Mit Hilfe der verallgemeinerten Übergangsfunktionen H_z^R und H_ρ^R sind nun bessere Näherungslösungen zu erwarten, da die Annäherung der Zeitfunktion jetzt wesentlich verbessert werden kann, indem je zwei Kurvenpunkte durch eine Gerade miteinander verbunden werden (Abb. 47), die Zeitfunktion also angenähert dargestellt wird durch eine Linearkombination von Rampenfunktionen (Polygonzug) in der Form

$$F(t) = F(0) \cdot E(t) + \sum_{\nu=0}^{n} \left[F(\lambda_{\nu+1}) - F(\lambda_\nu) \right] \cdot R(t - \lambda_\nu; t_\nu). \quad (1)$$

Dabei ist $E(t)$ der Einheitssprung und $R(t - \lambda_\nu; t_\nu)$ eine Rampenfunktion mit dem Parameter t_ν und der Übergangszeit von $t = \lambda_\nu$ bis $t = \lambda_\nu + t_\nu$:

§ 28

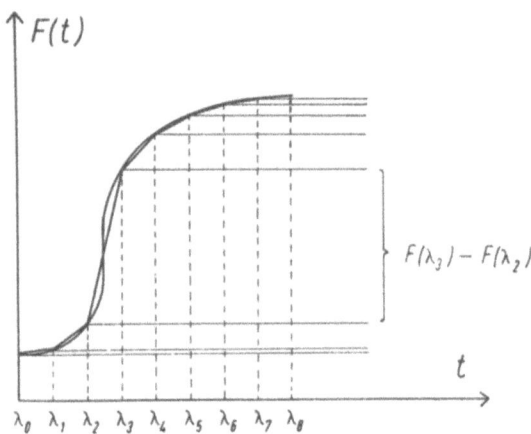

Abb. 47: Annäherung der Eingangsfunktion F(t) durch einen Polygonzug.

$$R(t - \lambda_\nu ; t_\nu) = \begin{cases} 0 & \text{für } t \leq \lambda_\nu \\ \dfrac{t}{t_\nu} & \text{für } \lambda_\nu \leq t \leq \lambda_\nu + t_\nu \\ 1 & \text{für } \lambda_\nu + t_\nu \leq t \end{cases} \quad . \quad (2)$$

Nach dem Superpositionsprinzip ergibt sich für die z- bzw. ρ-Komponente der Induktion bei einer Eingangsfunktion der Gestalt (1) die Lösung

$$H_{z,\rho}(t) = F(0) \cdot H^E_{z,\rho}(t) + \sum_{\nu=0}^{n} \left[F(\lambda_{\nu+1}) - F(\lambda_\nu) \right] \cdot H^R_{z,\rho}(t - \lambda_\nu ; t_\nu), \quad (3)$$

wobei $H^E_{z,\rho}$ und $H^R_{z,\rho}$ die Lösungen für den Einheitssprung E(t) und die Rampenfunktion R(t) sind, die hier zunächst wieder für konstante σ, μ, ρ als reine Funktionen der Zeit t angesehen werden.

Setzt man speziell F(0) = 0 voraus, so folgt aus (3) nach (25.12) oder (26.11)

$$H_{z,\rho}(t) = Z_p \cdot C_{z,\rho}(t) \quad (4)$$

mit

$$C_{z,\rho}(t) = \sum_{\nu=0}^{n} \left[F(\lambda_{\nu+1}) - F(\lambda_\nu) \right] \cdot C^R_{z,\rho}(t - \lambda_\nu ; t_\nu) \quad . \quad (5)$$

Die Gleichung (5) entspricht dem zweiten der in § 18 beschriebenen Näherungsverfahren, das hier aus den gleichen Gründen wie dort zur numerischen Berechnung der Lösung angewandt wird.

Die exakten Lösungen in Integralform behalten dabei die gleiche Gestalt wie in § 17, da nach dem Erweitern der Summanden in (3) mit $\Delta \lambda_\nu$ beim Übergang von der Summe zum Integral mit $\Delta \lambda_\nu \to 0$ zugleich $t_\nu \to 0$ strebt und damit ebenfalls die verallgemeinerten Übergangsfunktionen $H^R_{z,\rho}(t - \lambda_\nu ; t_\nu)$ wieder in die eigentlichen Übergangsfunktionen $H^E_{z,\rho}(t - \lambda_\nu)$ übergehen (vgl. (17.5)).

Bei endlichen Störungen der Zeitdauer T ist es wieder sinnvoll, von der Variablen t zur neuen Variablen t/T überzugehen. Führt man ferner an Stelle der wahren Zeit t für den allgemeinen Fall wieder die normierte Zeit $\tau = t/(\sigma \mu \rho^2)$ ein, so nimmt Gleichung (5) die Form an

$$C_{z,\rho}(t/T) = \sum_{\nu=0}^{n}\left[F(\lambda_{\nu+1}) - F(\lambda_\nu)\right] \cdot C_{z,\rho}^{R}\left[(t/T - \lambda_\nu/T)\cdot K\,;\tau_\nu\right] \quad (6)$$

mit

$$K = \frac{T}{\sigma\mu\rho^2} \quad (7)$$

und

$$\tau_\nu = \frac{t_\nu}{\sigma\mu\rho^2} \quad . \quad (8)$$

Das Magnetfeld selbst ergibt sich damit nach (4) zu

$$H_{z,\rho}(t/T) = Z_p \cdot C_{z,\rho}(t/T) \quad (9)$$

mit

$$Z_p = \frac{p_m}{4\pi\mu\rho^3} \quad . \quad (10)$$

Die Gleichung (6) stellt, zusammen mit (9) und (10), die endgültige Form des Näherungsverfahrens dar und soll ebenfalls auf das spezielle Beispiel einer baiartigen Störung angewandt werden.

b) Anwendung auf einen Dipol mit baiförmiger Zeitfunktion

Als spezielle Eingangsfunktion wird, wie in Kap. V, eine baiartige Störung gewählt der Form

$$F(t) = \begin{cases} 0 & \text{für } 0 \geqq t \geqq T \\ \dfrac{1 - \cos\omega t}{2} & \text{für } 0 \leqq t \leqq T \end{cases} \quad , \quad (11)$$

wobei $\omega = 2\pi/T$ ist und T die Zeitdauer der Störung (vgl. § 19).

Die Annäherung der Zeitfunktion $F(t)$ durch eine Summe von Rampenfunktionen erfolgt in 10 gleich großen Intervallen zwischen den Zeitabschnitten $t/T = 1/10, 2/10, \ldots, 10/10$, entsprechend den Werten $\lambda_1/T, \lambda_2/T, \ldots, \lambda_{10}/T$ (Abb. 48).

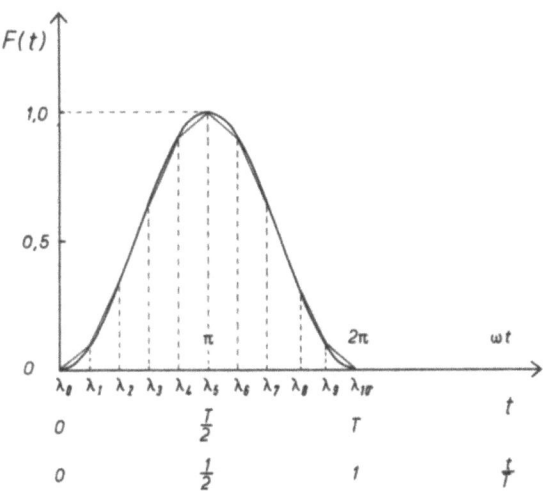

Abb. 48: Baiförmige Zeitfunktion $F(t)$, angenähert durch einen Polygonzug.

§ 28

Der Summationsindex ν in Gleichung (6) läuft von 0 bis 9, da bereits für $\nu = 10$ die Differenz $F(\lambda_{11}) - F(\lambda_{10})$ verschwindet. Für $K = T/(\sigma\mu\rho^2)$ werden wieder die Werte 10; 1 und 0,1 betrachtet.

Die Berechnung der vertikalen und der horizontalen Komponente des Magnetfeldes erfolgt in der gleichen Weise wie in den §§ 20 und 21. Da aus den Gleichungen (7) und (8) folgt

$$\tau_\nu = \frac{t_\nu}{T} \cdot K \qquad , \qquad (12)$$

können bei äquidistanter Unterteilung der Zeitachse, d.h. bei festem $t_1 = t_2 = \ldots = t_{10}$, alle aus den verallgemeinerten Übergangsfunktionen zu entnehmenden Werte für $C^R_{z,\rho}$ der gleichen Kurve aus Abb. 45 entnommen werden. Dabei muß allerdings der Grad n der Unterteilung der Zeitachse so gewählt werden, daß die Kurven $C^R_{z,\rho}(\tau;\tau_1)$ für den Parameter

$$\tau_1 = K/n \qquad (13)$$

auch wirklich aufgetragen sind oder mit Hilfe der Funktionen $A(\tau)$ und $B(\tau)$ nach (25.13) und (26.12) ohne große Fehler leicht gezeichnet werden können.

Zunächst erhält man nach Gleichung (6) die Induktionskurven der stückweise geradlinigen Kurve, die in jedem Zeitintervall zwischen zwei Ecken der Eingangsfunktion wieder ein genähertes Abbild der entsprechenden verallgemeinerten Übergangsfunktion $C^R_{z,\rho}(\tau;\tau_1)$ von $\tau = 0$ bis $\tau = K/n$ darstellen (vgl. § 20).

Die Umhüllenden dieser stückweise glatten Induktionskurven sind unter der hinreichenden Bedingung

$$K/n < \text{Max}\left(C^R_{z,\rho}(\tau;\tau_1)\right) \qquad (14)$$

gute Näherungslösungen für die Induktionskurven der glatten Zeitfunktion, und zwar links- oder rechtsseitig, je nachdem ob die glatte Zeitfunktion selbst links- oder rechtsseitige Umhüllende der Näherungskurve ist.

Die Bedingung (14) ist sicher dann erfüllt, wenn gilt

$$K/n \leqq \tau_1 \qquad (15)$$

Da diese Beziehung aber nach Gleichung (13) mit den Gleichheitszeichen in jedem Fall gilt, sind mit Hilfe der verallgemeinerten Übergangsfunktionen $C^R_{z,\rho}$ immer recht gute Näherungslösungen für die Induktion der glatten Zeitfunktion zu erwarten.

In Abb. 49 sind die mit den verallgemeinerten Übergangsfunktionen berechneten Induktionskurven für die baiförmige Störung (11) aufgetragen für die Werte $K = 1$ und $K = 10$. Da bei der Annäherung der Eingangsfunktion durch Rampenfunktionen im Gegensatz zur Annäherung durch Einheitssprünge sowohl Anfangs- als auch Endpunkt eines jeden Übergangs auf der glatten Zeitkurve liegen, kann man sich für die Zeichnung ihrer Induktionskurven auf diese Werte beschränken. Die Zwischenwerte sind in Abb. 49 lediglich eingetragen, um die Güte der Annäherung der Induktionskurve für die durch einen Polygonzug angenäherte Zeitfunktion an die Induktion der glatten Zeitfunktion zu zeigen. Die erhaltenen Kurven stimmen recht gut mit den

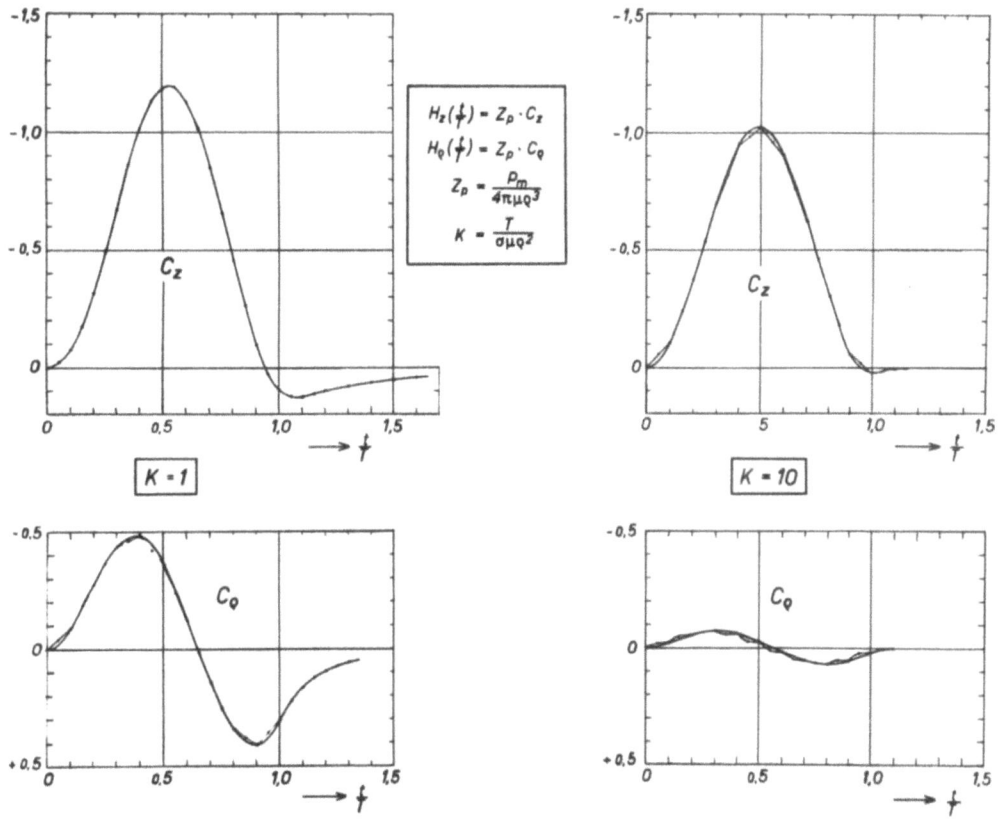

Abb. 49: Induktionskurven für eine baiförmige Störung, ermittelt durch Annäherung der Zeitfunktion durch einen Polygonzug.

früher mit Hilfe von $C_{z,\rho}^E$ berechneten Kurven überein (vgl. Abb. 41).

Im Falle $K = 0,1$ erweist sich eine Annäherung der Zeitfunktion durch Rampenfunktionen als nicht sinnvoll, da dann nach (13) schon relativ kleine Werte von n einen Parameter τ_1 ergeben würden, für den die verallgemeinerten Übergangsfunktionen einmal infolge der beschränkten Ablesegenauigkeit bei den Kurven $A(\tau)$ und $B(\tau)$ nur sehr ungenau gezeichnet werden können, zum anderen aber auch bereits nicht mehr wesentlich von den eigentlichen Übergangsfunktionen $C_{z,\rho}^E = C_{z,\rho}^R (\tau_1 = 0)$ abweichen. In diesem Falle lassen sich mit einer Annäherung der Zeitfunktion durch Einheitssprünge (Treppenfunktion) wieder bessere Lösungen erzielen.

Damit ist nun aber zugleich der Unterschied in den Anwendungsmöglichkeiten der beiden beschriebenen Näherungsverfahren gezeigt: Für kleine Werte des Verhältnisses K/n ergibt eine Annäherung der Zeitfunktion durch Einheitssprünge (§ 18) die besseren Näherungskurven für deren Induktion, für große Werte K/n dagegen, für die eine feinere Einteilung der Zeitachse, d. h. größeres n, das Verfahren zu umständlich machen würde, eine Annäherung der Zeitfunktion durch Rampenfunktionen. Die Grenze zwischen den Gebieten besserer Anwendungsmöglichkeit der beiden Verfahren liegt für die z-Komponente nach (20.1) etwa bei

$$K/n = 0,1 \tag{16}$$

und für die ρ -Komponente nach (21.1) etwa bei

$$K/n \;=\; 0,05 \qquad\qquad . \quad (17)$$

Mit diesen beiden anhand einer baiförmigen Störung ausführlich beschriebenen Verfahren (18.10) und (28.6) läßt sich das Magnetfeld eines vertikalen magnetischen Dipols über einem Halbraum bei gegebenen Konstanten σ und μ für eine beliebig vorgegebene Störung der Zeitdauer T in jedem Abstand ρ vom Dipol und zu jeder Zeit t leicht berechnen.

Anhang I

Exkurs über BESSEL-Funktionen

a) Zylinderfunktionen

BESSEL-Funktionen, oder allgemeiner Zylinderfunktionen $\mathcal{Z}_p(z)$, sind Lösungen der BESSELschen Differentialgleichung

$$\frac{d^2 \mathcal{Z}_p}{dz^2} + \frac{1}{z}\frac{d\mathcal{Z}_p}{dz} + \left(1 - \frac{p^2}{z^2}\right)\mathcal{Z}_p = 0 \quad , \quad (1)$$

die man erhält, wenn man für die in Zylinderkoordinaten geschriebene Wellengleichung für harmonische, zylindersymmetrische Wellen einen Separationsansatz $\Phi(\varphi) \cdot R(\rho)$ macht.

Spezielle Lösungen von (1) sind die (im engeren Sinne) BESSELschen Funktionen $J_p(z)$, die NEUMANNschen Funktionen $N_p(z)$, oft auch mit $Y_p(z)$ bezeichnet, und die HANKELschen Funktionen

$$\left.\begin{array}{l} H_p^{(1)}(z) = J_p(z) + i N_p(z) \\ H_p^{(2)}(z) = J_p(z) - i N_p(z) \end{array}\right\} \quad . \quad (2)$$

Sie werden auch Zylinderfunktionen 1., 2. und 3. Art genannt und genügen sämtlich den Rekursionsformeln

$$\mathcal{Z}_{p-1}(z) + \mathcal{Z}_{p+1}(z) = \frac{2p}{z}\mathcal{Z}_p(z) \quad , \quad (3)$$

$$\mathcal{Z}_{p-1}(z) - \mathcal{Z}_{p+1}(z) = 2\frac{d\mathcal{Z}_p(z)}{dz} \quad , \quad (4)$$

aus denen sich ganz allgemein die Theorie der Zylinderfunktionen entwickeln läßt.

Bei reellem Argument z sind $J_p(z)$ und $N_p(z)$ ebenfalls reell, $H_p^{(1)}(z)$ und $H_p^{(2)}(z)$ dagegen komplex (nach der Definition (2)).

b) Modifizierte Zylinderfunktionen

Vielfach treten in den physikalischen Anwendungen Zylinderfunktionen mit komplexem Argument z auf. Ist das Argument rein imaginär, so definiert man die modifizierten BESSEL- und HANKEL-Funktionen durch die Gleichungen

$$I_p(z) = i^{-p} J_p(iz) \quad , \quad (5)$$

$$K_p(z) = \frac{\pi}{2} i^{p+1} H_p^{(1)}(iz) \quad , \quad (6)$$

A I

die für reelle Werte von z aus $J_p(iz)$ und $H_p^{(1)}(iz)$ wieder reelle Funktionen herstellen. Sie genügen als Zylinderfunktionen von imaginärem Argument iz, also in der Schreibweise der rechten Seiten der Gleichungen (5) und (6), den gleichen Rekursionsformeln (3), (4) und den daraus folgenden allgemeinen Formeln für Zylinderfunktionen. Als selbständige Funktionen $I_p(z)$ und $K_p(z)$ von reellem Argument z sind sie Lösungen der modifizierten BESSELschen Differentialgleichung

$$\frac{d^2 \mathfrak{z}'_p}{dz^2} + \frac{1}{z}\frac{d\mathfrak{z}'_p}{dz} - (1 + \frac{p^2}{z^2})\mathfrak{z}'_p = 0 \qquad , \qquad (7)$$

die aus (1) hervorgeht, wenn man in ihr z durch iz ersetzt. Sie genügen den Rekursionsformeln

$$\left. \begin{array}{l} I_{p-1}(z) - I_{p+1}(z) = \frac{2p}{z} I_p(z) \\[6pt] I_{p-1}(z) + I_{p+1}(z) = 2\frac{dI_p(z)}{dz} \end{array} \right\} \qquad , \qquad (8)$$

$$\left. \begin{array}{l} K_{p-1}(z) - K_{p+1}(z) = -\frac{2p}{z} K_p(z) \\[6pt] K_{p-1}(z) + K_{p+1}(z) = -2\frac{dK_p(z)}{dz} \end{array} \right\} \qquad . \qquad (9)$$

Aus beiden Gleichungspaaren folgt

$$\frac{dI_p(z)}{dz} = -\frac{p}{z} I_p(z) + I_{p-1}(z) = \frac{p}{z} I_p(z) + I_{p+1}(z) \qquad (10)$$

$$\frac{dK_p(z)}{dz} = -\frac{p}{z} K_p(z) - K_{p-1}(z) = \frac{p}{z} K_p(z) - K_{p+1}(z) \qquad . \qquad (11)$$

Durch mehrfache Anwendung dieser Beziehungen ergeben sich die bei der Herleitung der Gleichung (12.7) auftretenden höheren Ableitungen der modifizierten BESSEL- und HANKEL-Funktionen in der Form

$$\left. \begin{array}{l} \dfrac{dI_o(z)}{dz} = I_1(z) \\[10pt] \dfrac{dK_o(z)}{dz} = -K_1(z) \end{array} \right\} \qquad , \qquad (12)$$

$$\left. \begin{array}{l} \dfrac{d^2 I_o(z)}{dz^2} = -\dfrac{1}{z} I_1(z) + I_o(z) \\[10pt] \dfrac{d^2 K_o(z)}{dz^2} = \dfrac{1}{z} K_1(z) + K_o(z) \end{array} \right\} \qquad , \qquad (13)$$

$$\left.\begin{aligned}\frac{d^3 I_o(z)}{dz^3} &= \frac{2}{z^2} I_1(z) - \frac{1}{z} I_o(z) + I_1(z) \\ \frac{d^3 K_o(z)}{dz^3} &= -\frac{2}{z^2} K_1(z) - \frac{1}{z} K_o(z) - K_1(z)\end{aligned}\right\} \quad . \quad (14)$$

Die WRONSKIsche Determinante des linear unabhängigen Funktionenpaares $K_p(z)$, $I_p(z)$ ist

$$\frac{dI_p(z)}{dz} K_p(z) - I_p(z) \frac{dK_p(z)}{dz} = I_p(z) K_{p+1}(z) + I_{p+1} K_p(z) = \frac{1}{z} \quad . \quad (15)$$

c) KELVIN-Funktionen [x]

Neben den Zylinderfunktionen von rein imaginärem Argument iz (z reell) treten in den Anwendungen häufig auch solche vom Argument $e^{\pm(3/4)\pi i}$ auf. Sie ergeben wiederum komplexe Funktionen, die sich nun allerdings nicht mehr durch einen rein imaginären oder reellen Faktor auf reelle Funktionen zurückführen lassen. Man definiert für reelle positive Werte z die KELVIN-Funktionen $ber_p(z)$, $bei_p(z)$, $her_p(z)$ und $hei_p(z)$ durch die Gleichungen [xx]

$$ber_p(z) \pm i\, bei_p(z) = J_p\!\left(z\, e^{\pm(3/4)\pi i}\right) = J_p\!\left({i\sqrt{i} \atop -\sqrt{i}} \cdot z\right) \quad , \quad (16)$$

$$her_p(z) \pm i\, hei_p(z) = H_p^{(2)\,(1)}\!\left(z\, e^{\pm(3/4)\pi i}\right) = H_p^{(2)\,(1)}\!\left({i\sqrt{i} \atop -\sqrt{i}} \cdot z\right) \quad . \quad (17)$$

Die mit Hilfe von NEUMANNschen und modifizierten HANKEL-Funktionen komplexer Argumente definierten Funktionen $ker_p(z)$, $kei_p(z)$, $yer_p(z)$ und $yei_p(z)$ sollen hier nicht betrachtet werden.

Für $p = 0$ wird der Index 0 dieser Funktionen üblicherweise fortgelassen. Mit den für ganze Werte von $p = n$ geltenden Formeln

$$J_n(-z) = (-1)^n J_n(z) \quad , \quad (18)$$

$$H_n^{(2)}(-z) = (-1)^{n+1} H_n^{(1)}(z) \quad (19)$$

erhält man aus den unteren Teilen der Gleichungen (16) und (17)

$$ber_n(z) - i\, bei_n(z) = (-1)^n J_n(z\sqrt{i}) \quad , \quad (20)$$

$$her_n(z) - i\, hei_n(z) = (-1)^{n+1} H_n^{(1)}(z\sqrt{i}) \quad . \quad (21)$$

---

[x] auch THOMSON-Funktionen genannt
[xx] In [20] S. 81 und [66] S. 30 ist der obere Index (2) bei $H_p^{(2)}$ zu ergänzen mit (1).

A I

Für p = 0 sind Real- und Imaginärteil von $J_o(z\sqrt{i})$ und damit ber(z) und bei(z) direkt tabelliert [63, 64. u.a.], desgleichen Real- und Imaginärteil von $H_o^{(1)}(z\sqrt{i})$ und damit her(z) und hei(z).

Für p = 1 werden die Funktionen $ber_1(z)$, $bei_1(z)$, $her_1(z)$ und $hei_1(z)$ aus den tabellierten Werten der Real- und Imaginärteile von

$$\sqrt{i}\, J_1(z\sqrt{i}) = -\frac{d}{dz} J_o(z\sqrt{i}) \quad \text{und} \quad \sqrt{i}\, H_1^{(1)}(z\sqrt{i}) = -\frac{d}{dz} H_o^{(1)}(z\sqrt{i})$$

berechnet nach den Formeln

$$\left.\begin{array}{l} ber_1(z) = -\mathcal{Re}\, J_1(z\sqrt{i}) = -\frac{1}{\sqrt{2}}[\mathcal{Im}\sqrt{i}\, J_1(z\sqrt{i}) + \mathcal{Re}\sqrt{i}\, J_1(z\sqrt{i})] \\[2mm] bei_1(z) = +\mathcal{Im}\, J_1(z\sqrt{i}) = +\frac{1}{\sqrt{2}}[\mathcal{Im}\sqrt{i}\, J_1(z\sqrt{i}) - \mathcal{Re}\sqrt{i}\, J_1(z\sqrt{i})] \end{array}\right\}, \quad (22)$$

$$\left.\begin{array}{l} her_1(z) = +\mathcal{Re}\, H_1^{(1)}(z\sqrt{i}) = +\frac{1}{\sqrt{2}}[\mathcal{Im}\sqrt{i}\, H_1^{(1)}(z\sqrt{i}) + \mathcal{Re}\sqrt{i}\, H_1^{(1)}(z\sqrt{i})] \\[2mm] hei_1(z) = -\mathcal{Im}\, H_1^{(1)}(z\sqrt{i}) = -\frac{1}{\sqrt{2}}[\mathcal{Im}\sqrt{i}\, H_1^{(1)}(z\sqrt{i}) - \mathcal{Re}\sqrt{i}\, H_1^{(1)}(z\sqrt{i})] \end{array}\right\}. \quad (23)$$

Die zur Trennung der Gleichung (9.10) in Real- und Imaginärteil benutzten Beziehungen zwischen den modifizierten BESSEL- und HANKEL-Funktionen einerseits und den KELVIN-Funktionen andererseits lauten nach (5) und (16) bzw. (6) und (17)

$$\left.\begin{array}{l} I_o(z\sqrt{i}) = ber(z) + i\, bei(z) \\[2mm] I_1(z\sqrt{i}) = -i\, ber_1(z) + bei_1(z) \end{array}\right\}, \quad (24)$$

$$\left.\begin{array}{l} K_o(z\sqrt{i}) = \frac{\pi}{2} i\, her(z) - \frac{\pi}{2} hei(z) \\[2mm] K_1(z\sqrt{i}) = -\frac{\pi}{2} her_1(z) - \frac{\pi}{2} i\, hei_1(z) \end{array}\right\}. \quad (25)$$

Durch Trennung des komplexen Ausdrucks für die WRONSKIsche Determinante des Funktionenpaares $K_p(z\sqrt{i})$, $I_p(z\sqrt{i})$ in Real- und Imaginärteil ergeben sich nach (15) die beiden Gleichungen

$$\left.\begin{array}{l} ber_{p+1}(z)her_p(z) - bei_{p+1}(z)hei_p(z) - ber_p(z)her_{p+1}(z) + bei_p(z)hei_{p+1}(z) = \frac{\sqrt{2}}{\pi z} \\[2mm] bei_p(z)her_{p+1}(z) + ber_p(z)hei_{p+1}(z) - bei_{p+1}(z)her_p(z) - ber_{p+1}(z)hei_p(z) = \frac{\sqrt{2}}{\pi z} \end{array}\right\}, \quad (26)$$

die als "WRONSKIsche Beziehungen für KELVIN-Funktionen" bezeichnet werden können.

Anhang II

Reihenentwicklungen der Exponential-, trigonometrischen und KELVIN-Funktionen

Die in § 10 b) benutzten Reihenentwicklungen für $R \ll 1$ lauten unter Vernachlässigung der Glieder höherer Ordnung

$$e^{-\frac{1}{\sqrt{2}}R} = 1 - \frac{1}{\sqrt{2}}R + \frac{1}{2!}\frac{1}{2}R^2 - \frac{1}{3!2\sqrt{2}}R^3 + \frac{1}{4!\,4}R^4 - \frac{1}{5!\,4\sqrt{2}}R^5 + - \ldots \quad (1)$$

$$\sin\frac{1}{\sqrt{2}}R = \frac{1}{\sqrt{2}}R - \frac{1}{3!\,2\sqrt{2}}R^3 + \frac{1}{5!\,4\sqrt{2}}R^5 - + \ldots \quad (2)$$

$$\cos\frac{1}{\sqrt{2}}R = 1 - \frac{1}{2!\,2}R^2 + \frac{1}{4!\,4}R^4 - + \ldots \quad (3)$$

$$\text{ber}(R/2) = 1 + - \ldots \quad (4)$$

$$\text{bei}(R/2) = \frac{1}{16}R^2 + - \ldots \quad (5)$$

$$\text{her}(R/2) = -\frac{1}{2} + - \ldots \quad (6)$$

$$\text{hei}(R/2) = -\frac{2}{\pi}(0{,}1159 - \log_e \frac{R}{2}) - + \ldots \quad (7)$$

$$\text{ber}_1(R/2) = -\frac{1}{4\sqrt{2}}R - \frac{1}{128\sqrt{2}}R^3 + - \ldots \quad (8)$$

$$\text{bei}_1(R/2) = \frac{1}{4\sqrt{2}}R - \frac{1}{128\sqrt{2}}R^3 + - \ldots \quad (9)$$

Die Herleitungen der Formeln (4) - (9) sind gegeben in [16] S. 138 - 147. Dabei sind hier jeweils die Glieder fortgelassen worden, die bei den Produktbildungen nach Gleichungen (8.14, 15) und (9.15, 16) höhere als dritte Potenzen von R in den Reihenentwicklungen (10.2-5) ergeben würden.

Die Potenzreihen für $\text{her}_1(R/2)$ und $\text{hei}_1(R/2)$ wurden hergeleitet aus den Reihen für $\text{ker}'(R/2)$ und $\text{kei}'(R/2)$, [16] S. 212, mit Hilfe der Beziehungen

$$\text{kei}_1(x) = \frac{1}{\sqrt{2}}\left[\text{ker}'(x) + \text{kei}'(x)\right] = \frac{\pi}{2}\text{her}_1(x) \quad (10)$$

$$\text{ker}_1(x) = \frac{1}{\sqrt{2}}\left[\text{ker}'(x) - \text{kei}'(x)\right] = -\frac{\pi}{2}\text{hei}_1(x) \quad (11)$$

A III

wobei ker'(x) und kei'(x) definiert sind durch die Gleichung

$$\text{ker}'(x) + i\,\text{kei}'(x) = \frac{d}{dx} K_0(x\sqrt{i}) = i\frac{\pi}{2}\frac{d}{dx} H_0^{(1)}(x\,i\sqrt{i}) \quad . \tag{12}$$

Man erhält

$$\text{her}_1(R/2) = -\frac{4}{\sqrt{2}\pi}\frac{1}{R} + \frac{1}{2\sqrt{2}\pi}(\frac{\pi}{4} + 0{,}1159 - \log_e\frac{R}{2} + \frac{1}{2})\,R + - \ldots \quad , \tag{13}$$

$$\text{hei}_1(R/2) = \frac{4}{\sqrt{2}\pi}\frac{1}{R} + \frac{1}{2\sqrt{2}\pi}(-\frac{\pi}{4} + 0{,}1159 - \log_e\frac{R}{2} + \frac{1}{2})\,R + - \ldots \quad . \tag{14}$$

Anhang III

Korrespondenzen der LAPLACE-Transformation

Die Rücktransformation der Bildgleichungen in den §§ 14, 15, 25 und 26 erfolgt mit Hilfe der folgenden Korrespondenzen:

$$\frac{1}{s'^2} \circlearrowright \tau \qquad\qquad \text{S. 55 und Differentiationssatz} \quad , \tag{1}$$

$$\frac{1}{s'^3} \circlearrowright \frac{\tau^2}{2} \qquad\qquad \text{(1) und Differentiationssatz} \tag{2}$$

$$\frac{e^{-\sqrt{s'}}}{s'^{1/2}} \circlearrowright \frac{e^{-\frac{1}{4\tau}}}{\sqrt{\pi\tau}} \qquad\qquad [60]\ \text{S. 108} \quad , \tag{3}$$

$$\frac{e^{-\sqrt{s'}}}{s'} \circlearrowright \text{erfc}\,(\frac{1}{2\sqrt{\tau}}) \qquad\qquad [60]\ \text{S. 105} \tag{4}$$

mit

$$\text{erfc}\,(x) = 1 - \text{erf}\,(x) \quad , \tag{5}$$

$$\frac{e^{-\sqrt{s'}}}{s'^{3/2}} \circlearrowright 2\sqrt{\frac{\tau}{\pi}}\, e^{-\frac{1}{4\tau}} - \text{erfc}\,(\frac{1}{2\sqrt{\tau}}) \qquad [60]\ \text{S. 111} \quad , \tag{6}$$

$$\frac{e^{-\sqrt{s'}}}{s'^2} \circlearrowright (\tau + \frac{1}{2})\,\text{erfc}\,(\frac{1}{2\sqrt{\tau}}) - \sqrt{\frac{\tau}{\pi}}\, e^{-\frac{1}{4\tau}} \quad , \tag{7}$$

[60] S. 106

$$\frac{e^{-\sqrt{s'}}}{s'^{5/2}} \;\bullet\!\!-\!\!\circ\; \frac{4}{3} \frac{\tau^{3/2}}{\sqrt{\pi}} e^{-\frac{1}{4\tau}} + \frac{1}{3}\sqrt{\frac{\tau}{\pi}} e^{-\frac{1}{4\tau}} - \tau\, \text{erfc}\left(\frac{1}{2\sqrt{\tau}}\right) - \frac{1}{6}\,\text{erfc}\left(\frac{1}{2\sqrt{\tau}}\right) \quad , \qquad (8)$$

[4] S. 494, 483 f.

$$\frac{e^{-\sqrt{s'}}}{s'^{3}} \;\bullet\!\!-\!\!\circ\; \frac{1}{2}\tau^2\,\text{erfc}\left(\frac{1}{2\sqrt{\tau}}\right) + \frac{1}{2}\tau\,\text{erfc}\left(\frac{1}{2\sqrt{\tau}}\right) + \frac{1}{24}\,\text{erfc}\left(\frac{1}{2\sqrt{\tau}}\right) -$$

$$- \frac{5}{6}\frac{\tau^{3/2}}{\sqrt{\pi}} e^{-\frac{1}{4\tau}} - \frac{1}{12}\sqrt{\frac{\tau}{\pi}} e^{-\frac{1}{4\tau}} \qquad , \qquad (9)$$

[4] S. 494, 483 f.

$$I_0\!\left(\tfrac{1}{2}\sqrt{s'}\right) \cdot K_0\!\left(\tfrac{1}{2}\sqrt{s'}\right) \;\bullet\!\!-\!\!\circ\; \frac{1}{2\tau} e^{-\frac{1}{8\tau}} I_0\!\left(\tfrac{1}{8\tau}\right) \qquad , \qquad (10)$$

[60] S. 147

$$I_1\!\left(\tfrac{1}{2}\sqrt{s'}\right) \cdot K_1\!\left(\tfrac{1}{2}\sqrt{s'}\right) \;\bullet\!\!-\!\!\circ\; \frac{1}{2\tau} e^{-\frac{1}{8\tau}} I_1\!\left(\tfrac{1}{8\tau}\right) \qquad , \qquad (11)$$

[4] S. 495

$$\frac{1}{\sqrt{s'}}\left[I_1\!\left(\tfrac{1}{2}\sqrt{s'}\right)K_0\!\left(\tfrac{1}{2}\sqrt{s'}\right) - I_0\!\left(\tfrac{1}{2}\sqrt{s'}\right)K_1\!\left(\tfrac{1}{2}\sqrt{s'}\right)\right] = 4\frac{d}{ds'}\left[I_0\!\left(\tfrac{1}{2}\sqrt{s'}\right)K_0\!\left(\tfrac{1}{2}\sqrt{s'}\right)\right]$$

$$\bullet\!\!-\!\!\circ\; -2\, e^{-\frac{1}{8\tau}} I_0\!\left(\tfrac{1}{8\tau}\right) \qquad , \qquad (12)$$

(10) und Differentiationssatz
für die Bildfunktion

$$\frac{1}{s'} I_1\!\left(\tfrac{1}{2}\sqrt{s'}\right) K_1\!\left(\tfrac{1}{2}\sqrt{s'}\right) \;\bullet\!\!-\!\!\circ\; \int_0^\tau \frac{1}{2t} e^{-\frac{1}{8t}} I_1\!\left(\tfrac{1}{8t}\right) dt = \frac{1}{2} e^{-\frac{1}{8\tau}}\left[I_0\!\left(\tfrac{1}{8\tau}\right) + I_1\!\left(\tfrac{1}{8\tau}\right)\right] , (13)$$

(11) und Integrationssatz

$$\frac{1}{s'} I_0\!\left(\tfrac{1}{2}\sqrt{s'}\right) K_0\!\left(\tfrac{1}{2}\sqrt{s'}\right) \;\bullet\!\!-\!\!\circ\; \int_0^\tau \frac{1}{2t} e^{-\frac{1}{8t}} I_0\!\left(\tfrac{1}{8t}\right) dt \qquad , \qquad (14)$$

(10) und Integrationssatz

A IV

$$\frac{1}{s'^2} I_1(\frac{1}{2}\sqrt{s'}) K_1(\frac{1}{2}\sqrt{s'}) \circ\!\!-\!\!\circ \frac{1}{2} \int_0^\tau e^{-\frac{1}{8t}} [I_0(\frac{1}{8t}) + I_1(\frac{1}{8t})] \, dt \qquad , \qquad (15)$$

(13) und Integrationssatz

$$\frac{1}{s'^{3/2}} [I_1(\frac{1}{2}\sqrt{s'}) K_0(\frac{1}{2}\sqrt{s'}) - I_0(\frac{1}{2}\sqrt{s'}) K_1(\frac{1}{2}\sqrt{s'})] \circ\!\!-\!\!\circ -2 \int_0^\tau e^{-\frac{1}{8t}} I_0(\frac{1}{8t}) \, dt \quad . \quad (16)$$

(12) und Integrationssatz

Aus den Korrespondenzen (14) - (16) folgt zur Rücktransformation der Gleichung (26.9):

$$\frac{1}{s'} I_0(\frac{1}{2}\sqrt{s'}) K_0(\frac{1}{2}\sqrt{s'}) - 16 \frac{1}{s'^2} I_1(\frac{1}{2}\sqrt{s'}) K_1(\frac{1}{2}\sqrt{s'}) - 4 \frac{1}{s'^{3/2}} [I_1(\frac{1}{2}\sqrt{s'}) K_0(\frac{1}{2}\sqrt{s'}) - I_0(\frac{1}{2}\sqrt{s'}) K_1(\frac{1}{2}\sqrt{s'})]$$

$$\circ\!\!-\!\!\circ \int_0^\tau e^{-\frac{1}{8t}} [\frac{1}{2t} I_0(\frac{1}{8t}) - 8 I_1(\frac{1}{8t})] \, dt = \frac{1}{2} e^{-\frac{1}{8\tau}} [I_0(\frac{1}{8\tau}) + I_1(\frac{1}{8\tau}) - 8\tau I_1(\frac{1}{8\tau})] \quad . \quad (17)$$

Anhang IV

Asymptotische Darstellungen der Fehler- und der modifizierten BESSEL-Funktionen

Die in § 16 b) benutzten Reihendarstellungen der höheren Funktionen für $\tau \ll 1$, entsprechend großen Werten der Argumente ($1/(2\sqrt{\tau})$) und ($1/8\tau$), wurden aus ihren asymptotischen Entwicklungen berechnet und lauten, unter Vernachlässigung der Glieder höherer Ordnung,

$$\mathrm{erf}\left(\frac{1}{2\sqrt{\tau}}\right) = 1 - \frac{2}{\sqrt{\pi}} e^{-\frac{1}{4\tau}} (\sqrt{\tau} - 2\tau^{3/2} + - \ldots) \qquad , \qquad (1)$$

$$\mathrm{erf}'\left(\frac{1}{2\sqrt{\tau}}\right) = \frac{2}{\sqrt{\pi}} e^{-\frac{1}{4\tau}} \qquad , \qquad (2)$$

$$I_0\left(\frac{1}{8\tau}\right) = \frac{2}{\sqrt{\pi}} e^{\frac{1}{8\tau}} \sqrt{\tau} \, (1 + \tau + \frac{9}{2} \tau^2 + \ldots) \qquad , \qquad (3)$$

$$I_1\left(\frac{1}{8\tau}\right) = \frac{2}{\sqrt{\pi}} e^{\frac{1}{8\tau}} \sqrt{\tau} \, (1 - 3\tau - \frac{15}{2} \tau^2 - \ldots) \qquad . \qquad (4)$$

Anhang V

Der Zwei-Schichten-Fall bei SLICHTER und KNOPOFF

Eine Verallgemeinerung der Rechnungen zur Induktion eines harmonisch oszillierenden Dipols über homogenem Halbraum (Kap. II) auf den Fall eines geschichteten Halbraumes führt bereits im einfachsten Fall einer einzigen nichtleitenden oberen Schicht auf Integralausdrücke der Form

$$\int_0^\infty J_0(\lambda\rho) e^{-\lambda z} \sqrt{\lambda^2 + \gamma^2}\, d\lambda \quad (1)\quad ,\quad \int_0^\infty J_0(\lambda\rho) e^{-\lambda z} \frac{1}{\sqrt{\lambda^2 + \gamma^2}}\, d\lambda \quad , \quad (2)$$

die sich bisher nicht auf bekannte Funktionen zurückführen lassen. Näherungslösungen für den Fall einer beliebigen oberen Schicht der Dicke h (Zwei-Schichten-Fall) sind aber möglich für eine dipolähnliche Quellverteilung.

Von SLICHTER und KNOPOFF [46] wird der magnetische Dipol durch konzentrische Kreisströme angenähert, deren Stromamplitude linear mit der Entfernung von ihrem Mittelpunkt anwächst:

$$j = \begin{cases} j_0 \dfrac{\rho}{\rho_0} e^{-i\omega t} & \text{für } \rho \leqq \rho_0 \\ 0 & \text{für } \rho > \rho_0 \end{cases} \quad . \quad (3)$$

ρ_0 ist die Grenze der Quellverteilung. Für $\rho \gg \rho_0$ kann das zugehörige Magnetfeld in guter Näherung als das Feld eines vertikalen magnetischen Dipols angesehen werden.

Eingeführt wird ein Zylinderkoordinatensystem (ρ, φ, z) mit dem Ursprung in der unteren Grenzfläche der Schicht und der z-Achse positiv nach unten (Abb. 50). Der Dipol liegt in der oberen Schichtgrenze bei $z = -h$ (Erdoberfläche). Oberhalb dieser Grenzfläche ist Vakuum ($\sigma_0 = 0$). Die Verschiebungsströme werden wiederum vernachlässigt. Über die Ergebnisse der Rechnungen von SLICHTER und KNOPOFF soll im folgenden kurz berichtet sowie auf etwaige Anwendungsmöglichkeiten hingewiesen werden.

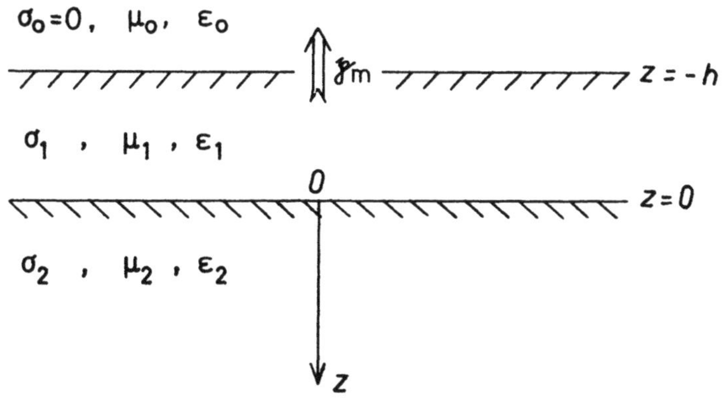

Abb. 50

Die komplexen Lösungen für die z- und die ρ -Komponente des Magnetfeldes an der Erdoberfläche $z = -h$ sind in Integralform

$$H_z = j_0 \, \rho_0 \int_0^\infty J_1(\lambda \rho) \, J_2(\lambda \rho_0) \cdot (1 + G)^{-1} \, d\lambda \qquad , \qquad (4)$$

$$H_\rho = j_0 \, \rho_0 \left[\int_0^\infty J_0(\lambda \rho) \, J_2(\lambda \rho_0) \, d\lambda - \int_0^\infty J_0(\lambda \rho) \, J_2(\lambda \rho_0) \cdot (1 + G)^{-1} \, d\lambda \right] \quad . \quad (5)$$

Dabei ist G eine von λ sowie von den Konstanten h, ω, σ_i, μ_i (i = 1,2) abhängige Funktion. Die numerische Auswertung der Integrale (4) und (5) erfolgt in zwei Schritten mit Hilfe einer elektronischen Digitalrechenmaschine (SWAC). Dabei wird in der Schicht und im oberen Halbraum einheitliche Permeabilität vorausgesetzt ($\mu_0 = \mu_1$), die Permeabilität μ_2 im unteren Halbraum ist weiterhin beliebig wählbar.

Die reellen Lösungen für H_z und H_ρ lassen sich wegen des komplexen Zeitfaktors $e^{-i\omega t}$ wieder in einer der Gleichungen (8.13) und 9.14) entsprechenden Form schreiben:

$$H_z = Z_p \cdot h_z = Z_p \cdot (h_z' \cos\omega t + h_z'' \sin\omega t) \qquad , \qquad (6)$$

$$H_\rho = Z_p \cdot h_\rho = Z_p \cdot (h_\rho' \cos\omega t + h_\rho'' \sin\omega t) \qquad . \qquad (7)$$

Der Amplitudenfaktor Z_p bedeutet wieder das Vakuumfeld, h_z', h_z'', h_ρ' und h_ρ'' sind dimensionslose Induktionsfunktionen. Der vom gesamten geschichteten Halbraum herrührende Teil des Feldes wird für kosinusförmige Erregung beschrieben durch

$$h_z - 1 = (h_z' - 1) \cos\omega t + h_z'' \sin\omega t \qquad , \qquad (8)$$

$$h_\rho = h_\rho' \cos\omega t + h_\rho'' \sin\omega t \qquad . \qquad (9)$$

Die Funktionen $(h_z' - 1)$, h_z'', h_ρ' und h_ρ'' sind in den Diagrammen der Abb. 51 - 66 graphisch dargestellt, aufgetragen über ρ/h. Zu jedem Diagramm gehört ein fester Wert für die "numerische Leitfähigkeit" der oberen Schicht,

$$s_1 = h^2 \omega \mu_1 \cdot \sigma_1 \qquad . \qquad (10)$$

Parameter jeder einzelnen Kurvenschar ist die "numerische Leitfähigkeit" für den unteren Halbraum ($z > 0$),

$$s_2 = h^2 \omega \mu_2 \cdot \sigma_2 \qquad . \qquad (11)$$

Aus Gleichung (11) geht hervor, daß Änderungen der Permeabilität μ_2 im unteren Halbraum gleichbedeutend sind mit Änderungen der Leitfähigkeit σ_2. Jedoch wird in den meisten praktisch vorkommenden Fällen die Permeabilität im gesamten Raum konstant sein, Unterschiede zwischen s_1 und s_2 sind dann allein auf Leitfähigkeitsunterschiede zurückzuführen. Die Kurven mit $s_1 = s_2$ beziehen sich dann auf einen homogenen Halbraum. Sie sind in den Abb. 51 - 66 jeweils gestrichelt eingezeichnet und können direkt mit den Induktionskurven der Abb. 2

verglichen werden. Dabei entsprechen die Induktionsfunktionen in beiden Bezeichnungen einander nach den Beziehungen

$$h'_z - 1 \stackrel{\wedge}{=} -C_z^{\sin} - 1 \quad (12) \quad , \quad h''_z \stackrel{\wedge}{=} +C_z^{\cos} \quad , \quad (13)$$

$$h'_\rho \stackrel{\wedge}{=} +C_\rho^{\sin} \quad (14) \quad , \quad h''_\rho \stackrel{\wedge}{=} -C_\rho^{\cos} \quad . \quad (15)$$

Die Kurven der Abb. 51 - 66 geben aber, vor allem für große Abszissenwerte ρ/h, nur ein recht grobes Abbild der entsprechenden Induktionsfunktionen wieder, da für jede von ihnen nur höchstens sieben Punkte berechnet sind, und zwar für $\rho/h = 1/2, 1, 2, 4, 8, 16$ und ∞. Abweichungen der dargestellten speziellen Kurven für den homogenen Halbraum von ihrem genauen Verlauf (Abb. 2) sind deutlich zu erkennen. Dennoch lassen die gezeichneten Kurvenbilder insgesamt die wesentlichen Punkte gut erkennen :

1) Merkliche Abweichungen von den Induktionskurven für den homogenen Halbraum treten erst auf bei $\rho/h \gtrsim 2$.

2) Für $s_1 \gtrsim 4$ (gut leitende oder sehr dicke Schicht) treten an der gesamten Erdoberfläche keine großen Abweichungen der Induktionskurven von denen des homogenen Halbraumes mehr auf. Der Einfluß des gesamten unteren Halbraumes ($z < 0$) ist nur mehr schwach.

3) In allen vier Komponenten des Feldes sind die Unterschiede der Kurven für verschiedene Parameter am größten bei kleinen Werten s_1. Für eine elektromagnetische Tiefensondierung über einer Zwei-Schichten-Erde mit dem Dipolinduktionsverfahren (s.u.) muß die Frequenz dementsprechend niedrig gewählt werden. Günstig ist etwa ein Wert $s_1 = 1/4$.

Das Streufeld über einem homogenen Halbraum erscheint in den Abb. 51 - 66 zunächst als Spezialfall ($s_1 = s_2$). Nach 2) liegt aber für alle Werte $s_1 \gtrsim 4$ die untere Grenzfläche der Schicht unterhalb der "mittleren Eindringtiefe" des Feldes. Das Streufeld über einer Zwei-Schichten-Erde ist dann ohne große Abweichungen gleich dem über einem homogenen Halbraum mit den Konstanten der oberen Schicht. Eine gesonderte, genauere Berechnung des Dipolfeldes über einem homogenen Halbraum, wie sie in Kap. II gegeben wurde, erscheint deshalb als gerechtfertigt. Sie erlaubt ebenfalls Betrachtungen über das Verhalten des Feldes für sehr kleine ($\rho/h \to 0$) und sehr große Abszissenwerte ($\rho/h \to \infty$), wie sie aus der Darstellung von SLICHTER und KNOPOFF heraus nicht möglich sind.

Aus den Kurven für die Induktionsfunktionen des Streufeldes können diejenigen für das gesamte Magnetfeld gewonnen werden durch einfache Maßstabsverschiebung auf der Ordinate bei $h'_z - 1$ um $+1$. Eine genaue Kenntnis des Verlaufs der Induktionskurven für das Magnetfeld eines vertikalen magnetischen Dipols über einer Zwei-Schichten-Erde, insbesondere für $s_1 \lesssim 1/4$, bietet die Möglichkeit einer elektromagnetischen Tiefensondierung mit dem Dipolinduktionsverfahren. Aus den vier Komponenten des (reduzierten) Magnetfeldes können, wie in § 11, für jeweils feste Werte s_1 und s_2 die Feldellipsen gezeichnet werden für verschiedene Werte ρ/h. Aus ihnen können die theoretischen Werte der Bestimmungsstücke, etwa wieder des Vertikalwinkels, entnommen und über ρ/h halblogarithmisch aufgetragen werden. Mit verschiedenen Werten s_1 und s_2 erhält man eine zweiparametrige Kurvenschar.

Die über einer Zwei-Schichten-Erde gemessene Kurve, aufgetragen über ρ , kann mit einer dieser theoretischen Kurven durch Verschieben längs der Abszisse zur Deckung gebracht werden (vgl. § 11). Aus einem Vergleich der Abszissenmaßstäbe und den betreffenden Werten für s_1 und s_2 können dann bei gegebener Frequenz und bekannter Permeabilität die Schichtdicke h sowie die Leitfähigkeiten σ_1 und σ_2 der bedeckenden Schicht und des Substrats ermittelt werden, in ähnlicher Weise wie mit den üblichen Potentialmethoden ([12] S. 52. ff.).

Abb. 51 - 66: Induktionsfunktionen für das Magnetfeld eines vertikalen magnetischen Dipols an der Oberfläche eines Zwei-Schichten-Halbraumes (nach SLICHTER und KNOPOFF). Die gestrichelten Kurven beziehen sich auf den homogenen Halbraum

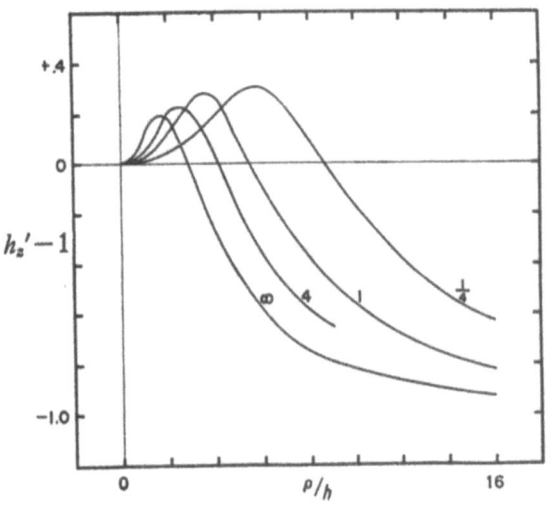

Abb. 51: $h_z' - 1$ für $s_1 = 0$ und $s_2 = \infty$; 4; 1; 1/4

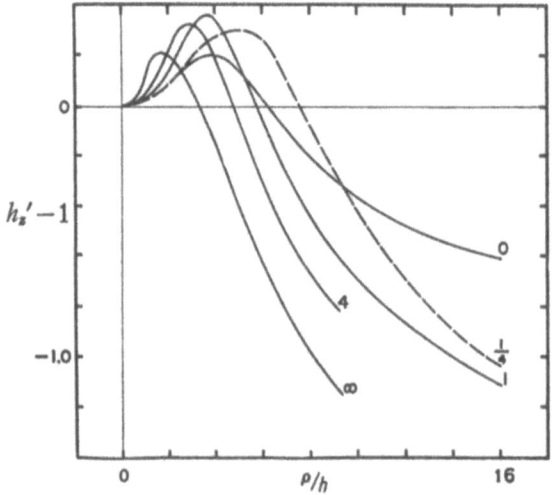

Abb. 52: $h_z' - 1$ für $s_1 = 1/4$ und $s_2 = \infty$; 4; 1; 1/4; 0

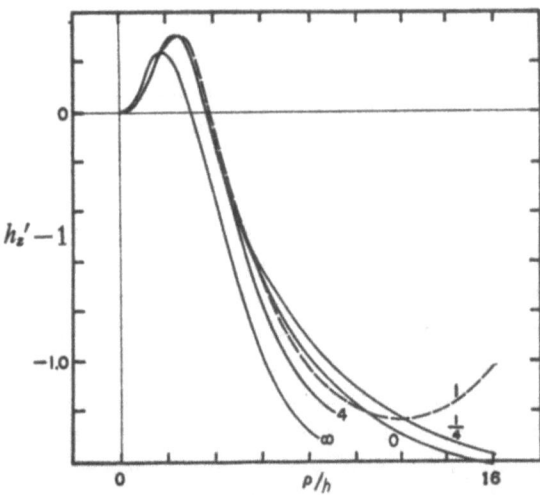

Abb. 53: $h_z' - 1$ für $s_1 = 1$ und $s_2 = \infty$; 4; 1; 1/4; 0

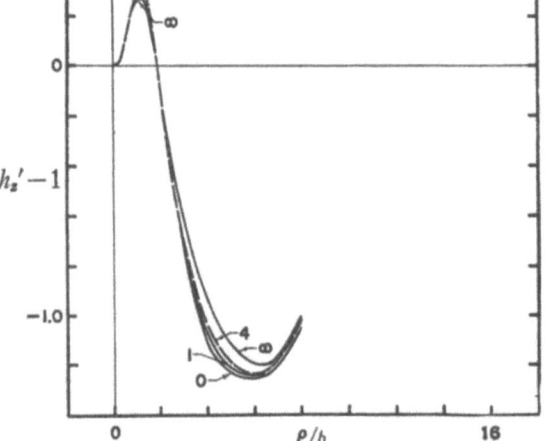

Abb. 54: $h_z' - 1$ für $s_1 = 4$ und $s_2 = \infty$; 4; 1; 0

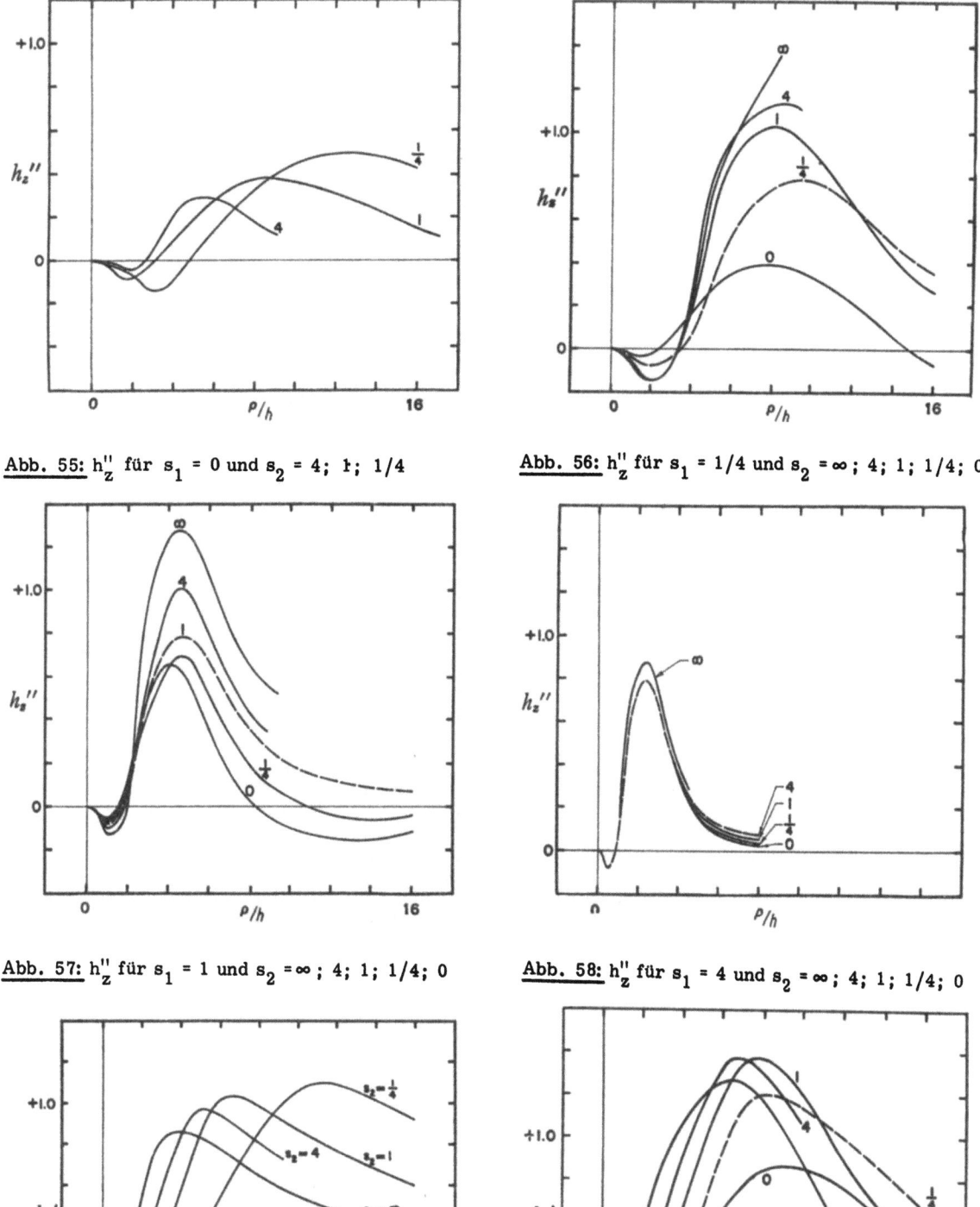

Abb. 55: h_z'' für $s_1 = 0$ und $s_2 = 4$; 1; 1/4

Abb. 56: h_z'' für $s_1 = 1/4$ und $s_2 = \infty$; 4; 1; 1/4; 0

Abb. 57: h_z'' für $s_1 = 1$ und $s_2 = \infty$; 4; 1; 1/4; 0

Abb. 58: h_z'' für $s_1 = 4$ und $s_2 = \infty$; 4; 1; 1/4; 0

Abb. 59: $-h'$ für $s_1 = 0$ und $s_2 = \infty$; 4; 1; 1/4

Abb. 60: $-h'$ für $s_1 = 1/4$ und $s_2 = \infty$; 4; 1; 1/4; 0

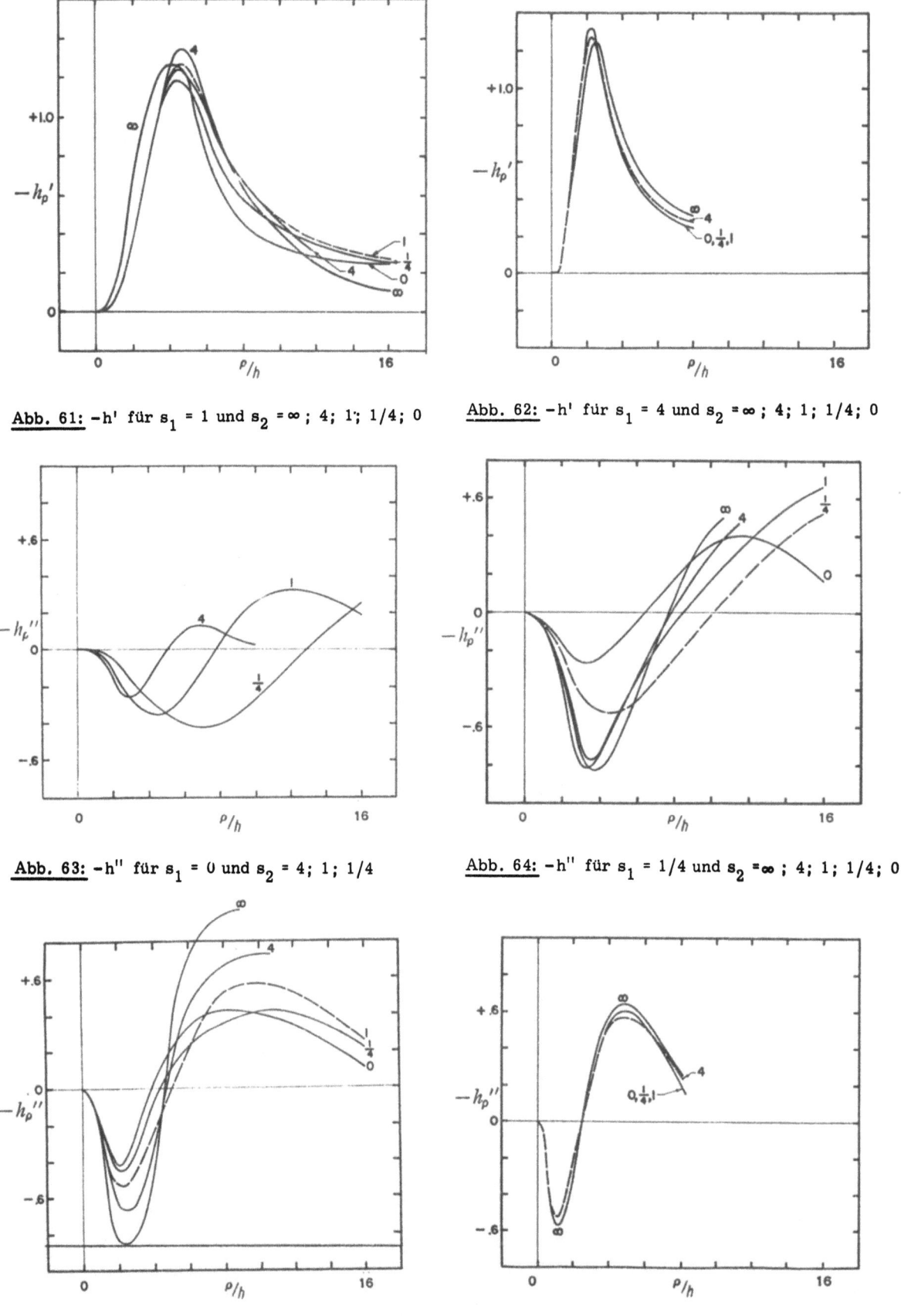

Abb. 61: $-h'$ für $s_1 = 1$ und $s_2 = \infty$; 4; 1; 1/4; 0

Abb. 62: $-h'$ für $s_1 = 4$ und $s_2 = \infty$; 4; 1; 1/4; 0

Abb. 63: $-h''$ für $s_1 = 0$ und $s_2 = 4$; 1; 1/4

Abb. 64: $-h''$ für $s_1 = 1/4$ und $s_2 = \infty$; 4; 1; 1/4; 0

Abb. 65: $-h''$ für $s_1 = 1$ und $s_2 = \infty$; 4; 1; 1/4; 0

Abb. 66: $-h''$ für $s_1 = 4$ und $s_2 = \infty$; 4; 1; 1/4; 0

Zusammenfassung

Das magnetische Gesamtfeld eines vertikalen magnetischen Dipols an der Oberfläche eines leitenden, homogenen Halbraumes sowie die Induktionsströme in seinem Innern werden nach Betrag, Phase und Verteilung im quasistationären Fall berechnet, graphisch dargestellt und diskutiert. Für das Magnetfeld werden ebenfalls Lösungen gegeben bei einem Einheitssprung des Dipolmomentes sowie für rampen- und für baiförmige Zeitfunktionen. Anwendungen auf geophysikalische Prospektion und im Erdmagnetismus werden aufgezeigt.

Für den harmonisch oszillierenden Dipol wird die formale mathematische Lösung der Wellengleichung für das elektrische Vektorpotential, in der Form, wie sie SOMMERFELD gegeben hat, benutzt zur Berechnung der Sinus- und Kosinus-Phasen des Magnetfeldes an der Oberfläche sowie der Stromdichte im Innern des Halbraumes. Das Ergebnis für die vertikale Komponente H_z des Magnetfeldes enthält dabei lediglich harmonische und Exponentialfunktionen, jenes für die horizontale Komponente H_ρ in komplexer Form ebenfalls BESSEL-Funktionen vom Argument $\frac{1}{2}\sqrt{\sigma\mu\omega}\,\rho\,i\sqrt{i}$, die in der reellen Form auf KELVIN-Funktionen führen. Beide Komponenten können bis auf einen von ρ abhängigen Amplitudenfaktor als Funktionen einer "numerischen Entfernung" $R = \sqrt{\sigma\mu\omega}\,\rho$ geschrieben werden. Für die graphische Darstellung der Komponenten und Feldellipsen ist eine reduzierte Form gewählt, bei der die $1/\rho^3$-Abhängigkeit des primären Dipolfeldes im Vakuum eliminiert ist und durch die die Wirkung des leitenden Halbraumes auf das Magnetfeld veranschaulicht wird. Als Anwendung wird ein Vorschlag gegeben zur quantitativen Auswertung beim Dipolinduktionsverfahren.

Die reelle Lösung für die Stromdichte im Halbraum enthält ebenfalls KELVIN-Funktionen. Sinus- und Kosinus-Phase sind dabei bis auf einen von r abhängigen Amplitudenfaktor reine Ortsfunktionen im Halbraum der "numerischen Koordinaten" $R_\rho = \sqrt{\sigma\mu\omega}\,\rho$ und $R_z = \sqrt{\sigma\mu\omega}\,z$. Um den Einfluß der Grenzfläche genauer zu zeigen, wird die Stromverteilung im Halbraum verglichen mit derjenigen in einem homogenen Vollraum mit gleichen Konstanten σ, μ.

Eine spezielle Betrachtung der Phasen gibt Aufschluß über die zeitliche Änderung des Stromfeldes, eine solche für die Amplituden zeigt die räumliche Verteilung der Induktionsströme nach ihren Beträgen. Dabei ergibt sich für große "numerische Entfernungen" R_ρ eine scheinbar von der Oberfläche ausgehende "Stromwelle", die sich zunächst nahezu senkrecht und mit exponentiell abnehmender Amplitude in den Halbraum hinein fortpflanzt. Die Stromverteilung sowie die verschiedenen Erscheinungsformen des Skineffektes an der Oberfläche des Halbraumes kommen in zusammenhängender Form zum Ausdruck in der vektoriellen Darstellung einer Periodenuhr.

Unter Benutzung der Ergebnisse beim harmonisch oszillierenden Dipol wird das magnetische Übergangsfeld (transient magnetic field) an der Oberfläche des Halbraumes bei einem Einheitssprung des Dipolmomentes mit Hilfe der LAPLACE-Transformation berechnet und in Abhängigkeit von der "numerischen Zeit" $\tau = t/\sigma\mu\rho^2$ in reduzierter Form durch "Übergangsfunktionen" graphisch dargestellt.

Ein Näherungsverfahren für das Magnetfeld bei beliebiger, durch eine Treppenfunktion angenäherter Zeitfunktion des Dipols, unter Benutzung der Übergangsfunktionen, wird angegeben und auf den speziellen Fall einer Baistörung angewandt. Vertikale und horizontale Komponente sowie zeitliche Änderung und räumliche Verteilung des Gesamtfeldes werden für verschiedene Werte des Parameters $K = T/\sigma\mu\rho^2$ graphisch dargestellt und der Zusammenhang zwischen den Vektogrammen bei unperiodischer und den Feldellipsen bei periodischer Erregung aufgezeigt.

Um eine bessere Konvergenz des Näherungsverfahrens gegen die Lösung zu erreichen, wird ein weiteres, verallgemeinertes Näherungsverfahren angegeben unter Benutzung der ebenfalls mit Hilfe der LAPLACE-Transformation berechneten "verallgemeinerten Übergangsfunktionen" des Magnetfeldes bei einer rampenförmigen Zeitfunktion beliebiger Neigung. Dieses verallgemeinerte Verfahren wird auf die gleiche Baistörung angewandt. Es wird gezeigt, daß beide angegebenen Verfahren sich einander ergänzen: Bei n-facher Unterteilung der Zeitachse ist für kleine Werte von K/n das erste Verfahren, also eine Annäherung der Zeitfunktion durch eine Treppenfunktion, für große Werte von K/n dagegen das zweite Verfahren, eine Annäherung der Zeitfunktion durch Rampenfunktion, für die numerische Rechnung günstiger. Als ungefähre Grenze ergibt sich für die vertikale Komponente K/n = 0,1 und für die horizontale Komponente K/n = 0,05.

Die vorliegende Arbeit wurde ausgeführt im Geophysikalischen Institut der Universität Göttingen. Dem Direktor dieses Institutes, Herrn Prof. Dr. J. BARTELS, der mir stets seine wohlwollende Unterstützung gewährte, bin ich zu großem Dank verpflichtet.

Herrn Prof. Dr. W. KERTZ, der das Thema dieser Arbeit vorschlug, sowie Herrn Dr. M. SIEBERT danke ich für viele Diskussionen und wertvolle Hinweise.

Literaturverzeichnis

a) Lehr- und Handbücher

[1] BAULE, B.: Die Mathematik des Naturforschers und Ingenieurs, Bd. I: Differential- und Integralrechnung, Leipzig 1959, Bd. VI: Partielle Differentialgleichungen, Leipzig 1955, S. 56 - 69

[2] BOWMAN, F.: Introduction to BESSEL Functions, New York 1948

[3] BUCHHEIM, W.: Die elektrischen Aufschlußverfahren. Im Lehrbuch der angewandten Geophysik, (Hrsg.: H. HAALCK) Teil II, 1 - 82, Berlin 1958. Elektromagnetische Aufschlußverfahren 65 - 82

[4] CARSLAW, H.S., and JAEGER, J.C.:
Conduction of Heat in Solids, Oxford 1959, 482 - 496

[5] CHAPMAN, S., and BARTELS, J.:
Geomagnetism, Vol. II, Oxford 1940. Electromagnetic induction within the earth 711 - 749

[6] DOETSCH, G.: Anleitung zum praktischen Gebrauch der LAPLACE-Transformation, München 1956. Mit Tabellenanhang

[7] DOETSCH, G.: Einführung in Theorie und Anwendung der LAPLACE-Transformation, Basel, Stuttgart 1958

[8] FRANK, Ph., und v. MISES, R. (Hrsg.):
Die Differential- und Integralgleichungen der Physik. Bd. II (physikalischer Teil), Braunschweig 1930. Elektromagnetische Schwingungen (Verf.: A. SOMMERFELD) 756 - 977, vgl. [19]

[9] FUNK, P., SAGAN, H., und SELIG, F.:
Die LAPLACE-Transformation und ihre Anwendung, Wien 1953. 84 - 87

[10] GRAF, U.: Darstellende Geometrie, Leipzig 1942

[11] GRAY, A., and MATHEWS, G.B.:
A Treatise on BESSEL Functions, London 1895

[12] HAALCK, H. (Hrsg.): Lehrbuch der angewandten Geophysik, Teil II, Berlin 1958. Die elektrischen Aufschlußverfahren (Verf.: W. BUCHHEIM) 1 - 82, vgl. [3]

[13] HUND, F.: Theoretische Physik, Bd. III: Theorie der Elektrizität und des Lichtes, Relativitätstheorie, Stuttgart 1957

[14] JOOS, G.: Lehrbuch der theoretischen Physik, Leipzig 1956, 235 - 322 und 721 - 731

[15] MADELUNG, E.: Die mathematischen Hilfsmittel des Physikers, Berlin, Göttingen, Heidelberg 1957

[16] MAC LACHLAN, N.W.:
BESSEL Functions for engineers, Oxford 1955. Mit ausführlichem Formelanhang

[17] SCHELKUNOFF, S.A.:
Elektromagnetic Waves, New York 1951, Wellenpotentiale 126 - 129

[18] SOMMERFELD, A.: Vorlesungen über theoretische Physik, Bd. III: Elektrodynamik. Leipzig 1949, Bd. VI: Partielle Differentialgleichungen der Physik, Leipzig 1949

[19] SOMMERFELD, A.: Elektromagnetische Schwingungen. In "Differential- und Integralgleichungen der Physik" (Hrsg.: FRANK, Ph., und v. MISES, R.) Bd. II, Braunschweig 1930, 756 - 977. Dipolinduktion 918 - 952

[20] WATSON, G.N.: A Treatise on the Theory of BESSEL Functions, Cambridge 1922. Mit Tabellenanhang

b) Einzelarbeiten

[21] BARTELS, J.: Erdmagnetisch erschließbare lokale Inhomogenitäten der elektrischen Leitfähigkeit im Untergrund. Nachr. d. Akad. d. Wissensch. Göttingen, Math.-Phys. Klasse, $\underline{5}$, 95 - 100 (1954). Erdmagnetische Tiefensondierung

[22] BARTELS, J.: Veranschaulichung beobachteter Perioden und ihre Genauigkeit. Z. Geophys. $\underline{3}$, 389 - 397 (1927)

[23] BELLUIGI, A.: Sull' effetto elettromagnetico diretto di emittori alternativi in un terreno omogeneo (Über die elektromagnetische Direktwirkung eines Wechselstromsenders in einem homogenen Boden). Annali Geofisica 7, 415 - 440 (1954). Horizontaler elektrischer Dipol in der Grenzfläche eines homogenen Halbraumes

[24] BELLUIGI, A.: L' eccitazione transitoria E. M. d' un terreno stratificato con dipolo magnetico pulsante verticale (Das elektromagnetische Feld eines vertikal schwingenden magnetischen Dipols in einem geschichteten Boden) Italia Boll. 75, 913 - 926 (1954). Lösung zurückgeführt auf horizontalen elektrischen Dipol

[25] BHATTACHARYYA, B.K.:
The field on the earth's surface due to a transient electromagnetic disturbance. J. Technol. 1, 151 - 162 (1956). Übergangsfunktionen für den Kopplungswiderstand eines vertikalen magnetischen Dipols über einem homogenen Halbraum beim Einheitssprung und bei rampenförmiger Zeitfunktion

[26] BHATTACHARYYA, B.K.:
Electromagnetic induction in a two-layer-earth. J. Geophys. Res. 60, 279 - 288 (1955). Formale mathematische Lösungen für einen vertikalen magnetischen Dipol über einer Zwei-Schichten-Erde in zwei Spezialfällen

[27] BUCHHEIM, W.: Beiträge zur Theorie der geoelektrischen Aufschlußverfahren. Freiberger Forschungshefte C 6 (Sonderdruck), 1952. Vertikaler magnetischer Dipol über einem homogenen Halbraum 41 - 44

[28] BUCHHEIM, W.: Das magnetische Feld einer geradlinigen Wechselstromleitung auf homogen leitendem Untergrund und die Messung der elektrischen Bodenleitfähigkeit durch Induktion. Z.Geophys. 19 (Sonderband), 123 - 135 (1953). Graphische Darstellung der Feldellipsen für Gesamtfeld und Streufeld

[29] FLEISCHER, U.: Ein Erdstrom im tieferen Untergrund Norddeutschlands und sein Anteil in den erdmagnetischen Bay-Störungen. Diss. Math.-Nat. Fak. Göttingen 1954, gekürzt in: Naturwiss. 41, 114 (1954)

[30] FOSTER, R.M.: Mutual impedance of grounded wires lying on the surface of the earth. Bell System Techn. J. 10, 408 - 419 (1931)

[31] GORDON, A.N.: The field induced by an oscillating magnetic dipole outside a semi-infinite conductor. Q.J. Mech. Appl. Math. 4, 106 - 115 (1951). Vertikaler magnetischer Dipol in der Höhe h über einem homogenen Halbraum

[32] GRAF, A.: Theoretische Grundlagen der Ringsendemethode. Beitr. Ang. Geophys. 4, 1 - 75 (1934). Sekundärfeld einer dünnen leitenden Schicht und Erdstreufeld

[33] GRAF, A.: Über die Möglichkeit der Aufsuchung von Grund- und Salzwasserhorizonten vermittels induktiver geoelektrischer Methoden. Gerlands Beiträge Geophys. 64, 23 - 82 (1954). Ergänzung zu [32]

[34] HORTON, C.W.: On the use of electromagnetic waves in geophysical prospecting. Geophysics 11, 505 - 517 (1946). Elektroden zur Stromzufuhr durch Dipole ersetzt

[35] KERTZ, W.: Modelle für erdmagnetisch induzierte elektrische Ströme im Untergrund. Nachr. d. Akad. d. Wissensch. Göttingen, Math.-Phys. Klasse, 5, 101 - 110 (1954). Trennung von innerem und äußerem Anteil

[36] KERTZ, W.: Leitungsfähiger Zylinder im transversalen, magnetischen Wechselfeld. Gerl. Beitr. Geoph. 69, 4 - 28 (1960). Homogenes sowie beliebiges (zweidimensionales) induzierendes Feld, analoge Behandlung der Kugel in [56]

[37] LIPPMANN, H.J.: Erdmagnetische Induktion in Leitfähigkeitsanomalien im Untergrund. Diss. Math. Nat. Fak. Göttingen, 1955. Modellrechnungen für Zylinder und Kugel im homogenen Magnetfeld, gekürzt in Z.Geophys. 24, 113 - 124 (1958)

[38] NUNIER, W.: Die Berechnung der vertikalen Komponente des Magnetfeldes in der Nähe eines vertikalen magnetischen Dipols, der auf der Grenzfläche zweier verschiedener Medien liegt. Ann. Phys. (V) 20, 513 - 528 (1934)

[39] PRICE, A.T.: Electromagnetic induction in a conducting sphere. Proc. London Math. Soc. (2) 33, 233 - 245 (1932). Integraldarstellung für beliebige Zeitfunktion

[40] PRICE, A.T.: Electromagnetic induction in a semi-infinite conductor with a plane boundary. Q.J. Mech. Appl. Math. 3, 385 - 410 (1950) Allgemeine Theorie der Induktion in einem homogenen Halbraum

[41] RIKITAKE, T.: Electromagnetic induction within the earth and its relation to the electrical state of the earth's interior. Bull. Earthqu. Res. Inst. Tokyo, 28, 219 - 283 (1950)

[42] SAWICKI, J.: Pole magnetyczne dipola magnetycznego umieszczonego na powierzchni ziemli (Das Magnetfeld eines magnetischen Dipols an der Erdoberfläche). Acta Geophys. Polonica 2, 97 - 104 (1954). Elektromagnetische und magnetische Induktion eines vertikalen magnetischen Dipols über einem Halbraum

[43] SCHMUCKER, U.: Erdmagnetische Tiefensondierung in Deutschland 1957/59: Magnetogramme und erste Auswertung. Abh. Akad. Wissensch. Göttingen, Math.-Phys. Klasse, Beiträge zum Internat. Geophys. Jahr 5 (1959)

[44] SIEBERT, M.: Die Zerlegung eines lokalen erdmagnetischen Feldes in äußeren und inneren Anteil mit Hilfe des zweidimensionalen Fourier-Theorems. Abh. Akad. Wissensch. Göttingen, Math.-Phys. Klasse, Beiträge zum IGJ 4, 33 - 38 (1958)

[45] SIEBERT, M., und KERTZ, W.: Zur Zerlegung eines lokalen erdmagnetischen Feldes in äußeren und inneren Anteil. Nachr. Akad. Wissensch. Göttingen, Math.-Phys. Klasse 5, 87 - 112 (1957)

[46] SLICHTER, L.B., and KNOPOFF, L.: Field of an alternating magnetic dipole on the surface of a layered earth. Geophysics 24, 77 - 88 (1959). Näherungslösungen für den Zwei-Schichten-Fall bei dipolähnlicher Quellverteilung

[47] SOMMERFELD, A.: Über die Ausbreitung der Wellen in der drahtlosen Telegraphie. Annalen Phys. (4) 28, 665 - 736 (1909), und 81, 1135 - 53 (1926). Vertikaler und horizontaler elektrischer und magnetischer Dipol über einem homogenen Halbraum; ausführlich in [8]

[48] TEISSEYRE, R.: Dyfrakcja na polplaszczyznie przewodzacej w zagadnieniach metody indukcyjnej. Acta Geophysica Polonica, Vol. I, 197 - 207 (1953). Vertikale Komponente des vertikalen magnetischen Dipols über homogenem Halbraum

[49] WAIT, J.R.: The magnetic dipole over the horizontally stratified earth. Canad. J. Phys. 29, 577 - 592 (1951). Kopplungswiderstand für einen vertikalen magnetischen Dipol über homogenem Halbraum sowie zwei- und drei-Schichten-Erde bei harmonischer Zeitfunktion und dem Einheitssprung

[50] WAIT, J.R.: Transient electromagnetic propagation in a conducting medium. Geophysics 16, 213 - 221 (1951). Übergangsfunktionen der elektrischen und magnetischen Felder in einem homogenen Vollraum bei Dipolerregung sowie linearem Leiter

[51] WAIT, J. R.: A conducting sphere in a time varying magnetic field. Geophysics 16, 666 - 672 (1951). Modellfall der homogenen Kugel im homogenen Magnetfeld für periodische Erregung sowie sprunghaften Anstieg

[52] WAIT, J.R.: A transient magnetic dipole source in an dissipative medium. J. Appl. Phys. 24, 341 - 343 (1953). Magnetischer Dipol im homogenen Vollraum mit Einheitssprung als Zeitfunktion unter Berücksichtigung der Verschiebungsströme

[53] WAIT, J.R.: Induction by a horizontally oscillating magnetic dipole over a conducting homogeneous earth. Trans. Amer. Geophys. Union 34, 185 - 189 (1953). Analogie zum vertikalen Dipol in [48]

[54] WAIT, J.R.: Transient fields of a vertikal dipole over a homogeneous curved ground. Can. J. Phys. 34, 27 - 35 (1956). Vertikaler elektrischer Dipol mit linearer Zeitfunktion über einem homogenen Halbraum mit ebener und gekrümmter Oberfläche

[55] WAIT, J.R., and CAMPBELL, L.L.:
Fields of a magnetic dipole immersed in an semi-infinite conducting medium. J. Geophys. Res. 58, 167 - 179 (1953). Horizontaler magnetischer Dipol unter der Oberfläche eines homogenen Halbraumes

[56] WARD, S.H.: Unique determination of conductivity, susceptibility, size, and depth in multifrequency electromagnetic exploration. Geophysics 24, 531 - 546 (1959). Leitende Kugel im homogenen äußeren Feld sowie im Dipolfeld; Analogie zu [36]

[57] WOLF, A.: Electric field of an oscillating dipole on the surface of a two-layer earth. Geophysics 11, 518 - 537 (1946)

[58] YOST, W.J.: The interpretation of electromagnetic reflection data in geophysical exploration. Part I: General theory. Geophysics 17, 89 - 106 (1952). Horizontaler elektrischer und magnetischer Dipol über einem homogenen Halbraum bei harmonischer Erregung sowie einem Rechteckimpuls

c) Funktionentafeln und Tabellenwerke

[59] BATEMAN, H., and ARCHIBALD, R.C.:

   A Guide to Tables of BESSEL Functions. Part 7 of M T A C I, 205 - 308 (1944); vgl. auch [63]

[60] DOETSCH, G.: Tabellen zur LAPLACE-Transformation und Anleitung zum Gebrauch, Grundlehren d. math. Wiss. $\underline{54}$, Berlin, Göttingen, Heidelberg (1947)

[61] ERDELYI, A. (Hrsg.): Tables of integral transforms, Vol. I - II, New York 1954 Vol I: LAPLACE-Transforms and inverse LAPLACE - Transforms 125 - 301

[62] ERDELYI, A., MAGNUS, W., OBERHETTINGER, F., and TRICOMI, F.G.:

   Higher transcendental functions, Vol. II, New York 1953. BESSEL Functions 1 - 114, ausführliches Literaturverzeichnis über BESSEL-Funktionen 106 - 114. Erweiterung von [66]

[63] FLETCHER, A., MILLER, J.C.P., and ROSENHEAD, L.:

   An index of mathematical tables, London 1946. BESSEL Functions of real and complex argument 244 - 290, vgl. auch [59]

[64] HAYASHI, K.: Fünfstellige Funktionentafeln, Berlin 1930. BESSEL-Funktionen 81 - 118

[65] JAHNKE, E., und EMDE, F.:

   Tafeln höherer Funktionen, Leipzig 1948. Fehlerintegral 23 - 26, Zylinderfunktionen 125 - 265

[66] MAGNUS, W., und OBERHETTINGER, F.:

   Formeln und Sätze für die speziellen Funktionen der mathematischen Physik. Grundlehren math. Wiss. $\underline{52}$, Berlin, Göttingen, Heidelberg 1948. Zylinderfunktionen 25 - 53, LAPLACE-Transformation 166 - 182, vgl. [62]

[67] MAC LACHLAN, N.W. et HUMBERT, P.:

   Formulaire pour le calcul symbolique. Mém. Sciences Math. $\underline{97}$ - 101/102, Paris 1939-41

[68] MAC LACHLAN, N.W., HUMBERT, P. et POLI, L.:
Supplément de formulaire pour le calcul symbolique. Mém. Sc. Math. **113**, Paris 1950

[69] TOELKE, F.: BESSELsche und HANKELsche Zylinderfunktionen nullter bis dritter Ordnung vom Argument $r\sqrt{i}$. Stuttgart 1936

**Verzeichnis der Mitteilungen aus dem Max-Planck-Institut
für Physik der Stratosphäre**

Nr. 1/1953 Über den Beitrag der von μ - Mesonen angestoßenen Elektronen zu den Ultrastrahlungsschauern unter Blei. G. Pfotzer

Nr. 2/1954 Ein Zählrohrkoinzidenzgerät zur Registrierung der kosmischen Ultrastrahlung. A. Ehmert

Eine einfache Methode zur Einstellung und Fixierung des Expansionsverhältnisses von Nebelkammern. G. Pfotzer

Nr. 3/1954 Optische Interferenzen an dünnen, bei -190°C kondensierten Eisschichten. Erich Regener (vergriffen)

Nr. 4/1955 Über die Messung der Temperatur des atmosphärischen Ozons mit Hilfe der Huggins-Banden. H. Zschörner und H. K. Paetzold

Nr. 5/1956 Ein neuer Ausbruch solarer Ultrastrahlung am 23. Februar 1956. A. Ehmert und G. Pfotzer, vergriffen (erschienen Z. Naturforschung 11a, 322, 1956)

Nr. 6/1956 Das Abklingen der solaren Ultrastrahlung beim Ausbruch am 23. Februar 1956 und die geomagnetischen Einfallsbedingungen. A. Ehmert und G. Pfotzer

Nr. 7/1956 Die Impulsverteilung der solaren Ultrastrahlung in der Abklingphase des Strahlungseinbruches am 23. Februar 1956. G. Pfotzer

Nr. 8/1956 Die atmosphärischen Störungen und ihre Anwendung zur Untersuchung der unteren Ionosphäre. K. Revellio

Nr. 9/1956 Solare Ultrastrahlung als Sonde für das Magnetfeld der Erde in großer Entfernung. G. Pfotzer

*

Die vorstehenden Hefte können beim Max-Planck-Institut für Aeronomie, 3411 Lindau angefordert werden.

Mitteilungen aus dem Max-Planck-Institut für Aeronomie

Nr. 1 **(S)** Waibel: Messungen von Primärteilchen der kosmischen Strahlung.

Nr. 2 **(S)** Erbe: Auswirkung der Variationen der primären kosmischen Strahlung auf die Mesonen- und Nukleonenkomponente am Erdboden.

Nr. 3 **(I)** Kohl: Bewegung der F-Schicht der Ionosphäre bei erdmagnetischen Bai-Störungen.

Nr. 4 **(I)** Becker: Tables of ordinary and extraordinary refractive indices, group refractive indices and $h'_{o,x}(f)$-curves for standard ionospheric layer models.

Nr. 5 **(S)** Schröpl: Über eine Neubestimmung des Absorptionskoeffizienten von Ozon im Ultraviolett bei kleinen Konzentrationen.

Nr. 6 **(S)** Erbe: Ergebnisse der Ballonaufstiege zur Messung der kosmischen Strahlung in Weissenau und Lindau.

Veröffentlichungen in Vorbereitung

(I u. S) Dieminger und Mitarb.: Die geophysikalischen Ergebnisse des 12.-14. November 1960.

(I) Dieminger und Mitarb.: Die Ionosonde des Max-Planck-Instituts für Aeronomie.

(I) Umlauft: Die Absorptionsmeß-Sonde des M.P.I. für Aeronomie.

(I) Schwentek: Druckzählgerät zur laufenden Registrierung halbstündiger Häufigkeitsverteilungen von Feldstärken.

(S) Ehmert u. Revellio: Tafeln zur graphischen Auswertung von Wellenformen mit mehrfach reflektierten Strahlungsimpulsen von Blitzen auf Reflexionshöhe und Blitzentfernung.

(S) Ehmert, Erbe, Pfotzer: Beschreibung der Anlagen des Instituts zur Registrierung der Neutronen und der Mesonen im Geophysikalischen Jahr 1957/58.

If you have any concerns about our products,
you can contact us on
ProductSafety@springernature.com

In case Publisher is established outside the EU,
the EU authorized representative is:
**Springer Nature Customer Service Center GmbH
Europaplatz 3, 69115 Heidelberg, Germany**

Printed by Libri Plureos GmbH
in Hamburg, Germany